数学教育教学研究

冉庆鹏 ◎ 著

吉林出版集团股份有限公司

图书在版编目（CIP）数据

数学教育教学研究 / 冉庆鹏著. — 长春 ：吉林出版集团股份有限公司, 2023.5
ISBN 978-7-5731-3195-9

Ⅰ. ①数… Ⅱ. ①冉… Ⅲ. ①高等数学－教学研究 Ⅳ. ①O13

中国国家版本馆CIP数据核字（2023）第072689号

数学教育教学研究
SHUXUE JIAOYU JIAOXUE YANJIU

著　者	冉庆鹏
责任编辑	齐　琳
封面设计	林　吉
开　本	787mm×1092mm　　1/16
字　数	222千
印　张	10
版　次	2023年5月第1版
印　次	2024年1月第1次印刷
出版发行	吉林出版集团股份有限公司
电　话	总编办：010-63109269
	发行部：010-63109269
印　刷	廊坊市广阳区九洲印刷厂

ISBN 978-7-5731-3195-9　　　　　　　　　　　　　定价：78.00元

版权所有　侵权必究

前　言

教育是科教兴国的事业。21 世纪的竞争，是经济实力的竞争，是科学技术的竞争，归根结底是人才的竞争，而人才的培养取决于教育。众所周知，知识经济时代，高新技术是保持一个国家或民族综合实力和竞争力的关键因素，而高新技术本质上是一种数学技术，知识经济以成功运用数学为标志。因此，加强数学教育，是我国实施科教兴国战略的重要组成部分。

本书对数学教育教学做出详细的分析和探讨，首先概述了数学的本质、数学教学基本理论、数学教学基本方法以及当代数学观和数学教育观，接着分析了当代数学教学改革与发展，之后详细地探讨了现代教育思想与高校数学教学，再次对高校数学教学模式的建构和应用、大学生数学创新能力培养做出重要探讨，最后结合大学数学教育教学实践做出了具体分析。

本书的完成得到了笔者一些同事的帮助，在此表示由衷的感谢。在本书撰写过程中参阅了大量的文献，谨向这些文献的作者表示衷心的感谢。由于时间仓促，笔者水平有限，书中可能有所疏漏，恳请读者批评指正。

作　者
2023 年 3 月

目 录

第一章 数学教学概述 ·· 1
　第一节　数学的本质 ·· 1
　第二节　数学教学基本理论 ······································ 6
　第三节　数学教学基本方法 ······································ 9
　第四节　当代数学观和数学教育观 ································ 14

第二章 当代数学教学改革与发展 ·································· 19
　第一节　国际数学教学改革与发展 ································ 19
　第二节　我国数学教学的改革与发展 ······························ 26
　第三节　建构主义与当代数学教学改革 ···························· 32

第三章 现代教育思想与高校数学教学 ······························ 37
　第一节　现代教育思想概述 ······································ 37
　第二节　高校数学教学初探 ······································ 51
　第三节　高校数学与现代教育思想的统一 ·························· 56

第四章 高校数学教学模式的建构和应用 ···························· 61
　第一节　数学教学模式 ·· 61
　第二节　基本数学教学模式 ······································ 63
　第三节　对数学教学模式的认识 ·································· 67
　第四节　高校数学教学模式的运用 ································ 70

第五章 大学生数学创新能力培养 ·································· 92
　第一节　大学生数学创新能力的重要性 ···························· 92
　第二节　我国大学生创新能力的现状 ····························· 108
　第三节　数学建模与大学生创新能力培养 ························· 111

第六章 大学数学教育教学实践 ··································· 126
　第一节　大学数学教学在社会学上的应用 ························· 126
　第二节　大学数学教学的语言应用 ······························· 133
　第三节　大学数学中的人文教育 ································· 139
　第四节　现代教育技术与数学教育 ······························· 146

参考文献 ·· 153

第一章　数学教学概述

第一节　数学的本质

远古时代，人们从日升日落中认识了"圆"这一几何图形，再利用"圆"这一概念衍生出车轮、锅碗等生活用品；通过物物交换等方式，知道一只羊可以换回五只鸡，从而学会"多少""大小"等基本数的概念。早期的数学研究对象一般集中在"数"与"形"上，甚至在很长一段时间内，人们一谈起数学，都认为那是研究显示世界中数量关系与空间形式的科学。

然而，随着科技的发展和时代的进步，我们发现数学的研究对象已远远超出"数"与"形"的范畴，其在实际生活中的运用也绝非物物换算那么简单，它可以代表一种思维，一种方式方法。总之，数学教育早已提升到了一个新高度。

但数学的主要研究对象仍旧没有变，"数"与"形"仍旧是数学教育的基础。如常见的模型化方法、公理化方法、结构化方法、极限方法、坐标方法、集合论方法、向量方法等，仍旧都带有"数"与"形"的特点。

一、数学是什么

"数学是什么"这一问题对于从事数学教育事业的教师来说，显然是个十分重要的问题；也许我们并未对此问题刻意地进行过认真的思考，甚至不一定能做出明确的回答，但在我们的实际工作中，却必须自觉或不自觉地以某种观念指导具体的行动，从而影响了数学教学的实践与效果。

在不同的历史时期，随着数学本身的发展与人们对数学认识的深入，对"数学是什么"这一问题有着不同的论述。例如，古代中国就认为数学是术，是用来解决生产与生活问题的计算方法；而古希腊却认为数学是理念，是关于世界本质的学问，数学对象是一种不依赖于人类思维的客观存在，但可以通过亲身体验，借助实验、观察和抽象获得有关的知识。有的主张数学是一个公理体系，从基本概念、基本关系与公理出发，可以严格地、逻辑地导出所有的结论；也有的声称数学是结构的科学，其任务就是在各种不同的背景下，以精确的和客观的形式，系统地分析共同的和基本的结构特征。

由于观察与思考问题的角度不同，人们又对数学的特征做了各种不同的描述。从数学的源泉及其与现实世界的关系来看，恩格斯断言，数学是关于现实世界的空间形式和数量关系的科学，所以是非常现实的材料。弗赖登塔尔认为，数学的概念、结构与思想都是物理世界、社会存在与思维世界各种具体现象的反映，也是组织这些现象的工具，因而数学在现实世界中有它的现象学基础。柯尔莫哥洛夫提出，数学的研究对象产生于现实，但数学又必须脱离现实（抽象），由于数学内容不断丰富，应用范围无限扩大，因而并非完全脱离现实；他同时又主张，所有数学的基础都是纯集合论，数学的各专门分支研究各种特殊的结构，每一种结构由相应的公理体系所确定。

从数学的研究方法来分析，人们对数学的认识又有了更大的分歧。有人认为，数学全然不涉及观察、归纳、因果等方法；对人进行的训练，全都是利用演绎方法；数学家工作的起点，只需要少数公理，一见就懂，无须证明，而其余的工作则都可以由此而推演出来。与此相对的看法则是，解决数学问题常常必须借助新定理；在具体解决问题和从事研究的过程中，常常要进行观察和比较。其中归纳法十分常用，且需要依赖实际经验；数学家的工作，离不开观察、推测、归纳、实验、经验、因果等方法。甚至认为，数学家还需要有高度的直觉和想象力，直觉比以往任何时候都更加成为数学发现的创造性源泉。更有人声称，数学是证明与反驳的交互过程，认为数学从来都不是严谨的。随着时代的发展与研究的深入，对"数学是什么"这一问题的回答，可以列举出很多种说法，如"数学是模式的科学""数学是科学，更是一门创造性的艺术""数学是科学，数学也是一种技术""数学是一种语言""数学是一种文化"，等。

这正好反映了数学是一个多元的综合产物，不能简单地将数学等同于命题和公式汇集成的逻辑体系。数学通过模式的构建与现实世界密切联系，但又借助抽象的方法，强调思维形式的探讨；现代技术渗透于数学之中，成为数学的实质性内涵，但抽象的数学思维仍然是一种创造性的活动；数学其实是一种特殊的语言，由此形成的思维方式，不仅决定了人类对物质世界的认识方式，还对人类理性精神的发展具有重要的影响，因而必然成为人类文化的一个重要组成成分。

二、数学的哲学认识

柏拉图主义认为，数学研究的对象尽管是抽象的，却也是客观存在的。数学对象包括数和由数组成的算式，它是一种独立的、不依赖于人类思维的客观存在。在数学实践中，许多杰出的数学家都赞同柏拉图主义的教学观，认为数学是独立于人类思维活动的客观存在，数学对象如自然数、点、线、面都是客观存在的东西。

亚里士多德通过批判柏拉图的数学哲学观点，建立了自己的数学哲学理论。他认为理念不应该离开感觉而独立存在，理念即在事物之中。在他看来，公理不具有先验的性质，而是观察事物而得到的，是人们的一般性认识，数学对象是抽象的存在，数不是事物的本体而是属性，亚里士多德的观点标志着人类在抽象与具象、一般与个别的关系问题上的认识大大前进了一步。

在康德看来，我们的一切知识都从经验开始，这是没有任何值得怀疑的，康德认为人的先天感性直观形式有两种：时间和空间。数学是人总结经验创造出来的，但是人要靠先天的直观才能把它创造出来，数学是思维创造的抽象实体，对于数学命题，康德强调了其综合性，并区分了"分析的知识"与"综合的知识"，尽管他关于分析与综合判断的区别表述得非常晦涩。

约定主义认为数学是一种约定，而数学思维是一种发明过程。数学的公理、符号、对象、结论的正确性都是人们事先约定好的，因而数学没有任何实际意义的内容，数学真理的必然性是指命题在定义下的必然性。然而，为什么由约定产生的结论与现实世界是如此相符？为什么数学的应用是如此广泛？约定主义不能给出一个令人信服的解释。

逻辑主义则认为数学就是逻辑，罗素和怀特海合著的《数学原理》的主要目的，是说明数学是从逻辑的前提推演出来的。弗雷格在《算术基础》中主张把算术的基础归结为逻辑，对于数学与逻辑的关系，罗素进行了深刻的论述，他甚至试图证明它们是等同的。

德国数学家克罗内克则认为数学是直觉构造，主张在直觉的基础上，用构造的方法建立的数学才是可靠的，否则是不能接受的。以布劳盛尔为代表的直觉主义认为，数学是独立于物质世界的直觉构造，数学的对象，必须能像自然数那样明示地以有限步骤构造出来，才可以认为是存在的，由于他们主张一种"构造性数学"，所以直觉主义也被称为构造主义。

形式主义认为数学是形式符号，旨在通过把数学划归为形式符号的操作而不是逻辑，来为数学提供一个新的基础，试图把数学转化为无意义的游戏而保证其基础的安全，以希尔伯特为首的数学家们相信可以应用形式的公理化治愈由于悖论的出现而得以暴露的数学疾病，然而，哥德尔不完全性定理证明希尔伯特的计划必然失败，任何包含初等算术的形式系统都无法证明其自身的相容性。

综上所述，如果从哲学的根本观点上来刻画数学的本质，不外乎以下两种看法：一种是动态的，将数学描述为处于成长发展中因而是不断变化的研究领域；另一种则是静态的，将数学定义为具有一整套已知的、确定的概念、原理和技能的体系。

斯蒂恩的一段比喻可以为此做注解："许多受过教育的人，特别是科学家和工程师，将数学想象成为智慧之树：公式、定理和结论犹如成熟的果实挂在枝头，有待过路的科学家采摘以滋养他们的理论。与此相对的，数学家则视自己的领域为一片快速成长的热带雨林，由数学外部的力量所滋养和形成，同时又将不断丰富而更新的智慧动、植物群奉献给人类文明。这种观念上的差异主要是由于抽象语言的严峻与苛刻的背景，使数学雨林与普通人类活动的领域相割裂。"

三、关于数学的隐喻

数学是一种方法，能使人们的思维方式严格化，养成有步骤地进行推理的习惯。人们通过学习数学，能获得逻辑推理的方法，由此他们就可以把知识进行推广和发展。M. 克莱因指出："从更本质的方面来说，数学主要是一种方法，它具体体现在数学的各个分支中，如关于实数的代数、欧几里得几何或任意的非欧几何，通过探讨这些分支的共同结构，我们对这种方法的显著特征将会有个清楚的了解。"数学也是一种解决问题的方法，我们经常用字母、数字及其他数学符号建立起来的等式或不等式以及图表、图像、框图等描述客观事物的特征及其内在联系，这种数学结构表达式就是数学模型。

其实，欧几里得几何本身就是一种数学模型，数学正是通过欧几里得几何而获得了最严格与最纯粹的科学的名声。有有些人把数学作为一种工具来得到有趣的结果，这里数学就是用来进行数值计算和构造模型的。当教学模型由于预见性强而取得成功时，就使得即使人们在不那么满意的情况下，也会不断受到诱惑要去应用数学模型。

（一）数学是一种思维

数学是一种思维，它牢固地扎根于人类智慧之中，即使是原始民族，也会在某种程度上表现出这种数学思维的能力。原始部落的人能立刻说出一大群羊中少了一只时，他们所依赖的是集合间元素对应的方法。列维·布留尔在其名著《原始思维》中指出："在原始人的思维中，从两方面看来，数都是在不同程度上不分化的东西。在实际应用中，它还或多或少与被计算的东西联系着；在集体表象中，数及其名称还如此紧密地与被想象的综合的神秘属性相互渗透，以至于与其说它们是算术的单位，还真不如说它们是神秘的实在"。

随着人类文明的发展，数学表现出了人类思维的本质和特征，并体现在任何国家与民族的文明中任何一种完善的形式化思维，都不能忽略数学思维，人们常常说"数学是思维的体操"，这种说法是很恰当的。数学除了提供定理和理论外，还提供了有特色的思维方式，包括建立模式、抽象化、最优化、逻辑分析、推断以及运用符号等，这是普遍适用并且强有力的思考方式。通过数学思维的训练，能够增强思维能力，提高抽象能力和逻辑推理能力。数学使思维产生活力，并使思维不受偏见、轻信与迷信的影响和干扰。

（二）数学是一种艺术

自古希腊以来的若干世纪里一直认为数学是一门艺术，数学工作必须满足审美需求。

将数学视为艺术可以从两个方面来说明：一是数学的创作方式与艺术类似；二是数学成果的作用也与艺术类似。英国数学家哈代宣称，"如果数学有什么存在权利的话，那就是只是作为艺术而存在"。如果数学家把外部世界置之脑后，就好比懂得如何把色彩与形态和谐地结合起来，但没有模特儿的画家，他的创造力很快就会枯竭。数学还是创造性的艺术，因为数学家创造了美好的新概念，他们像艺术家一样地生活，一样地工作，一样地思索。数学是一门通过发展概念和技巧以使人们更为轻快地前进，从而避免靠蛮力计算的艺术。丑陋的数学在数学世界中无立足之地，数学完美的结构以及在证明和得出结论的过程中，运用必不可少的想象和直觉给创造者提供了美学上的享受对称、简洁以及精确地适应达到目的的手段有其特有的完美性，这是一门创造性的艺术。

（三）数学是一种文化

数学是一种文化传统，数学活动究其性质来说是社会性的，怀尔德把数学文化看成一种不断进化的物种，过去数学对人类文明的影响一般来说都是看不见的，数学是暗藏的文化。然而，今天数学从幕后到台前，从间接为社会服务到直接为社会创造价值，在现实生活中，这样的例子比比皆是。

其实，数学历来是人类文化的一个重要组成部分，数学代表人类心灵的最高成就之一，数学作为一个充满活力的、繁荣的文化分支，在过去和现在都大大地促进了人类思想的解放。

四、数学的本质

集合论创始人康托一语道破，数学的本质在于自由。爱因斯坦确信，数学是人类思想的产物，他认为几何公理丝毫没有任何直觉的或经验的内容是人的思想的创造。但是，自由必须伴随着责任，即对数学的严肃目的负责。

可以说，教学不是任意地被创造的，而是在已经存在着的数学对象的活动中以及从科学和日常生活的需要中产生的，数学的自由只能在严格的、必然的限度内发展，非欧几何的创立也表明了这一点。非欧几何的创立，意味着自古希腊以来，以数学为代表的绝对真理观的终结，希腊人试图从几条自明的真理出发和仅仅使用演绎的证明方法来保证数学的真实性被证明是徒劳的。但是，作为一种补偿，数学却又获得了逻辑创造和演绎推理的极大自由。

第二节 数学教学基本理论

对数学课程发展的过程以及数学教学实践进行反思与改进，是数学教与学研究的主要目标，也是数学教与学研究的出发点。同时，这两个方面也是架设在关心数学教育的各种社会团体之间的一座桥梁，是社会各界注意数学教育的焦点所在。

这里首先要面对的问题是如何为学生准备数学。这一为学生准备数学的过程中，实质上涉及数学教学的内容、实施数学教学的过程以及学生的认知发展规律与学生获得知识的方法等。要讨论为学生准备数学的过程，就必须对尼斯所提及的三个基本问题进行回答：其一，为什么数学的某些特殊部分（相对整个数学而言）要教给学生中的某个特殊群体？其二，是否有可能将相应部分的数学教给所考虑的那类学生？其三，假如以上问题都已解决，那么接下来该如何采取具体措施？

严格来说，以上三个问题只有在一个非常理想化的理论背景下才可能得到圆满的解决。下面就对一些重要的、比较有代表性的现代数学教学理论的典型观点和思想做一个大概的介绍，希望对我们的数学教师能有所启示，能以更新的观念，并结合自己的数学教学实践，改进工作，提高质量，更好地实现素质教育的目标和要求。

一、弗赖登塔尔的数学教育理论

（一）"数学现实"原则

弗赖登塔尔认为，数学来源于现实，存在于现实，并应用于现实，而且每个学生有各自不同的"数学现实"。数学教师的任务之一是帮助学生构造数学现实，并在此基础上发展他们的数学现实。因此，在教学过程中，教师应该充分利用学生的认知规律、已有的生活经验和数学实际。在运用"现实的数学"进行教学时，必须明确认识以下几点：第一，数学教学内容来自现实世界。把那些最能反映现代生产、现代社会生活需要的最基本、最核心的数学知识和技能作为数学教育的内容。第二，数学教育的内容不能仅局限于数学内部之间的联系，还应研究数学与现实世界各种不同领域的外部关系和联系。这样才能使学生获得既丰富多彩又错综复杂的"现实的数学"内容，掌握比较完整的数学体系。同时，学生也有可能把学到的数学知识应用于现实世界中去。第三，数学教育应该为所有的人服务，应该满足全社会各种领域的不同层次的人对数学的不同水平的需求。

（二）"数学化"原则

弗赖登塔尔认为，数学教学必须通过数学化来进行。现实数学教育所说的数学化有两种形式：一是实际问题转化为数学问题的数学化，即发现实际问题中的数学成分，并对这些成分做符号化处理；二是从符号到概念的数学化，即在数学范畴之内对已经符号化了的问题做进一步抽象化处理。

对于前者，基本流程是：①确定一个具体问题中包含的数学成分。②建立这些数学成分与学生已知的数学模型之间的联系。③通过不同方法使这些数学成分形象化、符号化和公式化。④找出蕴含其中的关系和规则。⑤考虑相同数学成分在其他数学知识领域方面的体现。⑥做出形式化的表述。

对于后者，基本流程是：①用数学公式表示关系。②对有关规则做出证明。③尝试建立和使用不同的数学模型。④对得出的数学模型进行调整和加工。⑤综合不同数学模型的共性，形成功能更强的新模型。⑥用已知数学公式和语言尽量准确地描述得到的新概念和新方法。⑦做一般化的处理、推广。

（三）"再创造"原则

弗赖登塔尔说的"再创造"，其核心是数学过程再现。学生通过"再创造"来学习数学的过程实际上就是一个"做数学"的过程，这也是目前数学教育的一个重要观点。

需要特别注意的是，弗赖登塔尔的数学教育理论不是"教育学＋数学例子"式的论述，而是抓住数学教育的特征，紧扣数学教育的特殊过程，因而有"数学现实""数学化""数学反思""思辨数学"等诸多特有的概念。他的著作根据自己研究数学的体会以及观察儿童学习数学的经历，思辨性的论述比较多。于是有人批评说弗赖登塔尔的数学教育理论缺乏实践背景和实验数据。其实，他的许多研究成果尚未被大家仔细研究，有兴趣的读者不妨阅读他的著作。

二、波利亚的解题理论

（一）波利亚对数学教育的基本看法

波利亚认为大学数学教育的根本目的就是"教会年轻人思考"，这种思考既包括有目的的思考、产生式的思考，也包括形式的和非形式的思维。数学教育中应注重培养学生的兴趣、好奇心、毅力、情感体验等非智力品质。

要成为一个好的解题者，如果"头脑不活动起来，是很难学到什么东西的，也肯定学不到更多的东西"。"学东西的最好途径是亲自去发现它",最富有成效的学习是学生自己去探索、去发现。

教学是一门艺术。教学过程本身应该遵循一些规律性的东西,尤其强调兴趣对学生学习数学的重要性。

(二)波利亚关于解题的研究

波利亚专门研究了解题的思维过程,并把研究所得写成《怎样解题》一书。这本书的核心是他分解解题的思维过程得到的一张"怎样解题"表,并以例题表明这张表的实际应用。书中各部分基本上是配合这张表,是对该表的进一步阐述和注释。

"怎样解题"表包括"弄清问题""拟订计划""实现计划"和"回顾"四个阶段。"弄清问题"是认识,并对问题进行表征的过程,应成为成功解决问题的一个必要前提;"拟定计划"是关键环节和核心内容;"实现计划"较为容易,是思路打通之后具体实施信息资源的逻辑配置;"回顾"是最容易被忽视的阶段,波利亚将其作为解题的必要环节而固定下来。其中,他对第二步即"拟订计划"的分析是最为引人入胜的。

他指出寻找解法实际上就是"找出已知数与未知数之间的联系,如果找不出直接联系,你可能不得不考虑辅助问题,最终得出一个求解计划"。他还把寻找并发现解法的思维过程分解为 5 个建议和 23 个具有启发性的问题,它们就好比寻找和发现解法的思维过程的"慢动作镜头",使我们对解题的思维过程看得见、摸得着。

三、建构主义概述

建构主义有时候也译作结构主义,理论根源可追溯到 2500 多年前。现代建构主义主要是吸收了杜威的经验主义和皮亚杰的结构主义与发生认识论等思想,并在总结之前各种教育改革方案的经验基础上演变和发展起来的。在教育领域常常谈论的建构主义具有认知理论和方法论的双重身份。

1. 数学知识是什么

数学知识不是对现实的纯粹客观的反映,任何一种传载知识的符号系统也不是绝对真实的表征,它只不过是人们对客观世界的一种解释、假设或假说。它不是问题的最终答案,它必将随着人们认识程度的深入而不断地变革、升华和改写,出现新的解释和假设。

数学知识不可能以实体的形式存在于个体之外,真正的理解只能是由学习者自身基于自己的经验背景而建构起来的,取决于特定情况下的学习活动过程。否则,就不叫理解,而叫死记硬背或生吞活剥,是被动的复制式的学习。

2. 学生如何学习数学

学习不是由教师把知识简单地传递给学生，而是由学生自己建构知识的过程。学生不是简单被动地接收信息，而是主动地建构知识的意义，这种建构是无法由他人来代替的。

学习不是被动接收信息刺激，而是主动地建构意义，是根据自己的经验背景，对外部信息进行主动的选择、加工和处理，从而获得自己的意义。外部信息本身没有什么意义，意义是学习者通过新旧知识经验间的反复的、双向的相互作用过程而建构的。因此，学习不是像行为主义所描述的"刺激—反应"那样。

学习意义的获得，是每个学习者以自己原有的知识经验为基础，对新信息重新认识和编码，建构自己的理解。在这一过程中，学习者原有的知识经验因为新知识经验的进入而发生调整和改变。

3. 教师如何开展课堂教学

与传统教学的三个假设相对应的是，建构主义指导下的课堂教学是基于如下三个基本假设：教师必须建立学生理解数学的模式。教师应该建立反映每个同学建构状况的"卷宗"，以便判定每个学生建构能力的强弱；教学是师生、生生之间的互动；学生自己决定建构是否合理。

根据上述教学目的和假设，一个数学教师在建构主义的课堂上需要做以下六件事：①加强学生的自我管理和激励他们为自己的学习负责。②发展学生的反省思维。③建立学生建构数学的"卷宗"。④观察并参与学生尝试、辨认与选择解题途径的活动。⑤反思与回顾解题途径。⑥明确活动、学习材料的目的。

需要强调的是，对于建构主义学说，我们应当吸取精华，拒绝一些"极端的""唯心"的成分，以便真正有助于我国的教育改革。

第三节 数学教学基本方法

法国数学家笛卡儿在其著作《方法论》中指出："那些只是缓慢地前进的人，如果总是遵循正确的道路，可以比那些奔跑着却离开正确道路的人走得更远。没有正确的方法，即使有眼睛的博学者也会像盲人一样盲目摸索。"笛卡儿形象地说明了方法的重要性。

事实上，每门学科都有它的方法论，数学也不例外。由于数学既是研究其他科学的强有力的工具，又是一门深深地影响人们文化素质的重要学科，所以数学方法论的地位就显得特别重要。那么，什么是数学方法论？研究它的目的又是什么？什么是数学方法？

一、教学方法的概念

笼统地讲，数学方法论就是关于数学方法的理论，那么，什么又是"数学方法"？有的学者曾表达过这样的意见：数学方法不仅指数学的研究方法，而且包括数学的学习方法和教学方法。另外，在科学方法论的有关著作中，我们又可以看到关于"数学方法"的如下解释："把事物的状态、关系和过程用数学语言表达出来，进行推导、演算和分析，以形成对问题的解释、判断和预言。"就是提出、分析、处理和解决数学问题所采用的思路、方式、逻辑手段等概括性的策略，也就是从数学角度提出问题、解决问题（包括数学内部问题和实际问题）的过程中采用的各种方式、手段、途径等，其中包括变换数学形式。

通俗地讲，数学方法主要指应用数学去解决实际问题。数学方法具有以下三个基本特征：一是高度的抽象性和概括性；二是精确性，即逻辑的严密性及结论的确定性；三是应用的普遍性和可操作性。

数学方法在科学技术研究中具有举足轻重的地位和作用，首先是提供简洁精确的形式化语言，其次是提供数量分析及计算的方法，最后是提供逻辑推理的工具。现代科学技术特别是计算机的发展，与数学方法的地位和作用的强化正好是相辅相成的。

徐利治先生在《数学方法论选讲》一书中提出，数学方法论是主要研究和讨论数学的发展规律、数学的思想方法以及数学中的发现、发明和创新等法则的一门学问。具体地说，数学方法论是以数学为工具进行科学研究的方法，即用数学语言表达事物的状态、关系和过程，经过推导、运算和分析，以形成解释、判断和预言的方法。此说法是当今数学教育界较为认可的阐述。

为什么研究数学方法论？从上述定义中可以简明地回答，学习和研究数学方法论的目的无非是为了正确地认识数学、有效地运用数学以及更好地发展数学。任何一门学科都有其内在的发展规律，数学当然也不例外。从认识论角度看，数学是一种模式真理，这样的模式是客观存在的。同时，任何数学知识都来源于具体的现实原型，因此数学是人们从具体问题中抽象出来的模式，并且这样的模式是不断发展变化的。教师不仅要教会学生具体的基本数学知识及逻辑推理能力，还要教会学生如何发现数学、创造数学及应用数学，让学生学会数学的源与流，解决这种问题的钥匙就是学习和研究数学方法论。

说到这里，有人可能会疑问：没有学习和研究过数学方法论的数学教师就不能教好学生了？就不能发明创造数学了？首先我们要解决一个问题：怎样才算教好学生？一般人认为，把所学的数学知识能融会贯通，考试考出好成绩就是教好学生了。这的确没错，教学目的之一就是教会学生所学基本知识和基本技能。但是这种认识是片面的。

真正教好学生的教师本身就对数学有其自己的特殊理解，也许他没有学过数学方法论，但他是合情推理的高手，是数学方法论专家。很多的数学方法论专家都是在数学界很有名望的数学家，这些数学家把自己从事研究工作的思想和方法总结出来，就形成了数学方法论的核心内容。例如，匈牙利裔美国数学家波利亚的名著有《怎样解题》《数学的发现》《不等式》与《数学与猜想》等；中国数学家徐利治的名著有《数学方法论选讲》《数学方法论教程》《大学数学解题法论释》与《徐利治论数学方法学》。再如，郑州大学原校长、国内外知名数学物理专家曹策问先生，他没有学过数学方法论，但他的教学方法得到了学生的一致赞赏。要知道点集拓扑学并不是那么容易理解的大学高年级课程，可是听过曹老师讲过这门课程的大学生在应聘工作时就讲这门课。这就说明，学生对这门课心里很有底，是真懂了。那么，曹老师是怎样把学生教懂的呢？他用了什么样的教学方法？这很值得我们探讨。

另外，他创造发明的数学物理分支——非线性化方法，在国际上也是独树一帜的。他的学术报告不光内容丰富新颖，而且充满着数学哲理。这些他都是怎么做到的呢？究其原因，是他学习和研究数学达到一定程度后的体会，是知识的升华，升华的结果总结出来就丰富了数学方法论的理论。但对于大多数人来说，能体会到这样的程度是不容易的，甚至是不可能的，正是因为这样，人们才宣传他们提炼出的数学思想方法。

就数学的教学工作方面而言，数学方法论事实上是对数学教师提出了更高的要求，即不仅应进行具体数学知识的传授，而且应当注意对学生进行数学方法论方面的训练和培养。应当强调的是，在这两者之间存在着相辅相成的辩证关系。就数学教学活动而言，我们只有通过对数学思想方法的分析来带动具体数学知识的教学，才能把数学课"讲活""讲懂"与"讲深"。

所谓"讲活"，是指教师通过自己的教学活动让学生看到"活生生"的数学研究工作，而不是死的数学知识；所谓"讲懂"，是指教师应当帮助学生真正理解有关的数学内容，而不是囫囵吞枣、死记硬背；所谓"讲深"，则是指教师在教学过程中不仅要使学生能掌握具体的数学知识，而且应当帮助学生领会内在的思想方法。另外，就数学方法论而言，只有与具体的数学知识的教学密切结合，并真正渗透于其中，才不会成为借题发挥、夸夸其谈、纸上谈兵的空头文章。

总之，学习和研究数学方法论对提高数学教学质量、提高教师的数学教学与学术研究的水平将起到积极的作用。我们从事数学工作的人，应该重视对数学方法论的研究，数学工作者总希望在数学科学中有所作为、有所创新，尤其是数学教师们总是希望多教出些有创造发明才能的学生来。而只有时时渗透数学思想与方法的教学才能够培养与造就数学悟性高的学生，使他们脱颖而出，特别有才能的学生有可能在青年时代就对数学有所突破，做出有创见性的贡献。

二、宏观的数学方法论与微观的数学方法论

一般来说，关于数学发展规律的研究属于宏观的数学方法论。宏观的数学方法论可以撇开数学的内在因素，而是通过对历史的考察揭示出数学发展的动力与规律。关于数学思想方法以及数学中的发现、发明和创新等法则的研究属于微观的数学方法论，现如今数学界较为一致的观点是：数学学习与数学教学分别属于数学学习论与数学教学论的范围，这两者与数学方法论及教学课程论等一起构成数学教育学的主要内容。

数学方法主要指应用数学解决实际问题的方法，这里的实际问题也包括数学内部问题。由于其中的关键是构造相应的数学模型，因此也特别称为"数学模型方法"。数学模型方法应当被看成数学方法论的一个重要内容，但是数学方法论的研究又远远超出了数学模型方法的范畴，特别是集中在数学内在的研究方法之一。

至此，我们可以更为明确地提出微观的数学方法论的定义。着眼于数学工作者个人的研究活动，可以不考虑数学发展的外在推动力，专就数学内部体系结构中的特定问题来进行分析研究，即集中在对数学的思想方法及数学发明创造的启发性法则的研究属于微观的数学方法论。本书主要讨论的是微观的数学方法论，主要从数学研究的角度去进行分析，同时也从数学方法论的角度探讨数学教学与数学学习的效率。

事实上，在不同的场合人们常以两种既有区别又有密切联系的含义来理解"数学方法"。例如，工程师会把它理解为数学模型方法与计算方法，科学工作者会把它理解为描述客观规律、进行定量分析的工具，数学研究人员则常常把它与"单纯形方法""有限元方法""差分方法""优化方法"等专业方法有机联系，而数学教师又多半会把它看成解题方法。对数学方法的不同理解反映了数学这一科学门类有应用广泛的特性。数学方法体系同数学学科本身一样是极为多元的，与此相应的是大量不同的关于数学方法的分类。

数学方法可分为四个层次：数学发展和创新的方法，运用数学理论研究和表述事物的内在联系以及运动规律的方法，具有一般意义的数学解题方法，特殊的数学解题方法。

上述四个层次中数学发展和创新的方法应属于宏观数学方法论的范畴，其余三个层次均属于微观数学方法论的范畴。

三、数学方法与数学思想

数学方法是指在提出问题、解决问题（包括具体数学问题和实际生活问题）的过程中，所采用的各种方式、技巧、手段、途径等。它是处理、探索、解决问题的工具，特点是比较具体、简单。数学方法往往和具体数学内容联系在一起，是解决各类数学问题的方法。

数学方法主要有：①概括与抽象。数学中的概念、定理等都具有高度的概括性与抽象性，许多实际问题都可概括、抽象成数学模型。利用数学方法求解数学模型，进而解决实际问题。②归类与对比。将所学内容进行归类，相关部分做对比，这是数学学习中必不可少的一个环节。③分析与综合。任何一个题目的解答都是分析与综合的过程，只不过有些分析过程在头脑中一闪而过，人们没有注意到罢了，看似只有综合的解答过程，其实是分析与综合相结合的。④辩证方法。如有限与无限、一般与特殊、曲与直、数与形、正与反等，都是辩证统一的方法。⑤变换方法。即通过恰当的转换，使问题由烦琐变简便，由困难变容易，最终得以解决。⑥逻辑演绎法。严谨的、简短的逻辑语言是数学的特色，也正是数学的魅力。还有观察、实验、合情推理、逆向思维等容易被忽略的方法。

按影响的程度分，数学方法可分成三个层次：第一，基本的和重大的数学方法，这是一些哲学范畴的数学层面，如模型化方法、概率统计方法、拓扑方法等。第二，与一般科学相应的数学方法，如联想类比、综合分析、归纳演绎等。第三，数学中特有的方法，如数学等价、数学表示、公理化、关系映射反演、数形转换等。按作用的范围分，数学方法也可分为三个不同的层次。第一，一般的逻辑方法，分析、综合、类比、联想、归纳、演绎、猜想等，它们不仅适用于数学，而且适用于其他学科领域。第二，全局性的数学方法，如极限方法、关系映射反演方法、数学模型方法等，这些方法的作用范围广，有的甚至影响着一个数学分支和其他学科的发展方向。第三，技巧性的数学方法，如换元法、待定系数法、配方法等。数学方法还可以按运用的功能分为数学发现方法、数学计算方法与数学证明方法等。

数学思想是指现实世界的空间形式和数量关系反映到人们的意识之中，经过思维活动而产生的结果。数学思想是对数学事实与理论概括后产生的本质认识。数学思想是数学中处理问题的基本观点，是对数学内容的本质概括。数学思想是从数学方法中提炼出来的，是解决数学问题的指导方针。其特点是较为抽象，属于较高层次。所谓数学思想是对数学知识的本质认识，是从某些具体的教学内容和对数学的认识过程中提炼上升的数学观点，它在认识活动中被反复运用，带有普遍的指导意义，是建立数学和用数学解决问题的指导思想。布鲁纳指出，掌握基本数学思想和方法能使数学知识更易于理解和记忆。领会数学思想和方法是通向迁移大道的"光明之路"。

一项来自美国的统计表明，基本的数学思想和数学方法运用的频率最高，从而也最不易被遗忘；因为不易被遗忘，所以反复地被应用。古人云："授人以鱼，不如授之以渔。"这句至理名言即道出了数学思想方法学习的重要性。日本数学教育家米山国藏说："我搞了这么多年的数学教育，发现学生在初中、大学等接受的数学知识，因毕业进入社会后几乎没有什么机会应用这种作为知识的数学，所以通常是出校门后不到一两年，很快就忘记了。然而，不管他们从事什么业务工作，唯有深深铭刻于头脑中的数学的精神、数学的思维方法、研究方法、推理方法，却随时随地发生作用，使他们受益终生。"由此他认为，无论是对科学工作者、技术人员，还是数学教育工作者，最重要的就是数学的精神、思想和方法，而数学知识只是第二位的。数学的思想方法是处理数学问题的指导思想和基本策略，是数学的灵魂。因此，在教学中引导学生领悟和掌握以数学知识为载体的数学思想方法，是使学生提高思维水平，真正懂得数学的价值，建立科学的数学观念，进而做到发展数学、运用数学的重要环节。

数学思想作为数学方法论的一个重要概念，我们完全有必要对它的内涵与外延有较为明确的认识。关于这个概念的内涵，我们认为，数学思想是人们对数学科学研究的本质及规律的理性认识。这种认识的主体是人类历史上过去、现在以及未来的数学家；而认识的客体，则包括数学科学的对象及其特性、研究途径与方法的特点、研究成果的精神文化价值及物质世界的实际作用、内部各种成果或结论之间的互相关联和相互支持的关系等。由此可见，这些思想是历代与当代数学家研究成果的结晶，它们包含于数学材料之中，有着丰富的内容。

数学思想广泛存在于数学方法中，是数学方法的灵魂，而数学方法则是数学思想的载体，二者是"灵与肉"的关系。数学方法与数学思想互为表里，密切相关，两者都以一定的知识为基础，反过来又促进知识的深化以及能力的转化。

第四节 当代数学观和数学教育观

作为数学教师，其首要任务应该是积极、自觉地促使自己的观念改变，以实现由静态的、片面的、机械反映论的数学观向动态的、辩证的、模式论的数学观的转变。特别是由对于上述问题的朴素的、不自觉的认识向自觉认识的转化。

一、数学观概念

何谓数学观？这是一个仁者见仁智者见智的话题。顾名思义，"数学观"即为"观数学"，就是看待数学或者对数学的观点。自数学从最原始的生产活动中萌芽开始，不同时代，不同国度，不同的数学家、哲学家、物理学家甚至一般的民众都对数学有过独特的观念与见解。比较典型的有先验论、经验论、形而上学、柏拉图主义数学观、实证主义等，这些观念中的一部分至今仍拥有广泛的影响力。

数学观是人们对数学的性质与任务的认识，因而必然对数学教学的内容、方法等各个方面产生深刻的影响；数学观涉及数学知识的来源与性质，也涉及数学与人类社会各个领域的知识之间的关系，我们必须接受数学作为一种人类的活动，这种活动不受任何一种学术思想（历史上的逻辑主义、直觉主义与形式主义等）的制约。

一种近代的观点认为：数学论述的是理念。数学论述的不是铅笔记号也不是粉笔记号，不是有形的三角，不是物体的组合，而是理念，这种理念可以用适当的对象来表示或呈现。而我们从日常经验中熟知的数学知识或数学活动的主要性质是什么呢？第一，数学的对象是由人类所发明和创造的；第二，它们不是任意地被创造的，而是在已经存在的数学对象的活动中以及从科学和日常生活的需要中产生的；第三，一旦被创造出来，数学对象所具有的性质是确定的，也许我们很难发现，但其所具有的性质却是客观存在的，与我们是否知道无关。

这种观点事实上认定了真正的数学知识应当是关于抽象的思维对象的研究，而并非对于真实事物或现象的量性属性的直接研究；与此同时，这一观点也认定了数学的概念、结构与思想都是物理世界、社会存在与思维世界各种具体现象的反映，也是组织这些现象的工具，因而数学在现实世界中有它的现象学基础。

随着数学理念的发生与发展，由真实事物或现象（现实原型）所抽象出来的数学概念、命题、问题和方法，由特殊上升到了一般，从而形成了模式。模式具有相对的独立性，能反映一类问题的共同性，而具有超越特殊对象的普遍意义；模式不再从属于特定的事物或现象，也不再是专为研究特殊的实际系统及其性态而设计的数学结构。

数学家就是通过模式的建构，并以此为直接对象来从事客观世界量性规律性研究的问题解决；因而从这样的角度分析，数学就被说成"模式的科学"。数学家寻求存在于数量、空间、科学、技术乃至想象之中的模式；数学理论阐明了模式间的关系；函数和映射，把一类模式与另一类模式联系起来，从而产生稳定的数学结构。

有关数学知识来源的观点，也限定了数学是一种动态的科学，因为作为人类的活动，必然随着试验与应用的新发现而不断变化、不断发展；并且也必然与人类活动的各个领域，也就是与各种自然科学与社会科学以及思维科学等有着广泛而密切的联系。数学绝不可能缩进象牙塔里而向应用关上大门，只有从人类智慧的巨大宝库中汲取更多的营养以适应自身探索知识的需要，也只有作为一个多元的综合体，才能真正地取得数学的发展。

二、建立现代的数学教学观

数学教师天天在教数学，可是我们有没有认真想过下面这些问题："为什么要教数学？""应当怎样去进行数学教学？""我是按照怎样的数学教学观在从事数学教学的？"如果对这些问题缺乏明确的认识，而处在不自觉的状态下，人们往往会成为各种错误观念的俘虏，以致对数学教学工作产生消极影响。

这里其实涉及很多根本性的认识，比如数学教育的目标是什么？是纯数学的——主要关注数学知识的传授，还是人本主义的——主要涉及人的理性思维和创造性才能的充分发展，还是实用主义的——主要关注实用的数学技能的掌握。

再如数学学习与数学教学活动的本质是什么？是学生对于教师所授予知识的被动接受，还是以其已有的知识和经验为基础的、主动的建构过程，而这恰好就是应当怎样去进行数学教学的一个基本出发点。这些基本观念，决定了数学教学的内容、数学教学的模式与方法、数学课堂活动的准则以及教师与学生各自的作用与地位等一系列问题的探讨与抉择，从而也就决定了数学教学的实施与效果。

数学教师在进行数学思考的同时，也必须进行教学的思考，也就是说数学教师除了要具备数学思维之外，还应该培养教学思维。数学教师应该运用教育学、心理学的知识，将有关的数学内容放在教学背景下进行审视。这应该是两类知识的结合，也是数学观与教学观的交融渗透。

数学教学观应该是数学教师对关于数学本质以及学习数学的认知过程的一种认识，它不仅涉及数学的性质与特征，更涉及获得知识的认识过程，或者说学习数学的规律。除了思考教学内容的数学知识与方法的科学性以外，更要确定对教学形式与方法的认识，同样要以科学的方法确定传授数学知识的条件与实质。

恩斯特曾根据数学哲学及数学教学的实验研究，提出了数学教师的三种数学观及其在教学上的相应表现，即分析了数学教师对数学本质的有意识或下意识的信念、概念、含义与规则的思考，以及他们在数学教学中的主要倾向与有关数学训练的选择，认为大致可以归结为以下三种类型。

（一）问题解决观点

将数学看成动态的、以问题为主导和核心的过程。数学是人类创造发明的一个连续发展的领域，在发展过程中生成各种模式，并提取成为知识。数学就是一个不断探索、不断求知、不断扩大知识总体的过程。数学不是一个已经完成的产品，其最终结果总是开放的，有待继续修正。

在数学教学中的表现，则反映为强调数学教学是一种活动，主张"学数学就是做数学"，不仅仅注重知识的结果，更加重视获得知识的过程，目的在于鼓励学生亲身经历并进入数学的生成发展过程。

（二）柏拉图观点

将数学看成静态的、统一的知识实体。数学是水晶般清澈的王国，其中包含着相互联系的各种结构与真理，并由逻辑与内在含义形成的纤维，共同将其装订而成为一个整体。因而，数学是如磐石般稳定的永远不变的产品。数学只能被发现，而不能被创造。

在数学教学中的表现，则反映为强调数学作为严谨的形式体系的整体结构，以概念为主导，注重概念的内涵，尤其重视推理的逻辑，强调关系，突出"为什么"，容许学生自己构造算法，但必须考虑其可行性与相容性，以符合数学的纯粹的形式法则。

（三）工具主义观点

将数学看成一个工具袋，由各种事实、规则与技能累积而成，由于某些外部目标的追求，而由那些熟练的工匠加以运用。因而，数学只是一些互不相关但却有用的规则与事实的集合。

在数学教学中的表现，则反映为教师按照传统的方式，突出对规则、步骤的演示，强调操练程序，不重视证明，甚至不容许超出课本中列出的算法，只要求学生能掌握根据教学目标规定的熟练技能。

实际上，数学教师的教学观不一定很明确地显示出属于哪种类型，却往往是以上三种互不相容的观点的混合，在不同时期与不同的内容中，相应地凸显出某一方面的倾向。

传统的教育思想以机械反映论为基础，即认为认识无非是主体对于客观实在的简单的、被动的反映，于是数学学习也无非是一种"授予—吸收"的过程；皮亚杰提出的建构主义观点，则认为认识是主体在其中发挥了积极作用的过程，正是主体借助于自身已有的知识和经验（认知结构）能动地建构起了关于客体的认识，从而所有的知识就都是我们自己能动的认识活动的产物。因此，数学学习也是在一定社会环境中的主动建构过程。

根据建构主义的观点，学生在教学活动中处于主体地位，教师则应当成为学生学习活动的促进者，并非单纯的知识传授者，而数学教学的基本任务也就在于促进和增强学习者内部的数学学习过程。从探索情境、发现问题、形成观念、寻找方法，直到检验判定、评价结果，都应该促使学生主动投入，积极思维；教师可以提出有趣的情境以刺激学生的动机，教师也可以提出适当的问题以启发学生的思考。在数学教学过程中，教师不应成为"居高临下"的指导者，而应成为一个"平等的"参与者，教师也不应成为正确与错误的裁定者，而应成为一个鼓励者和有益的启发者，教师必须努力促使学生建立起良好的自我意识，学会自我检查，通过反思进行自我调整，并且鼓励学生相互间的思想交流，学会自我评价与相互评定，从而促使学生真正成为自觉投入且积极建构的学习活动的主体。

承认数学教学过程中大学生应有的主体地位，并非否定数学教师在教学过程中的重要作用；因为学生的数学思维不能自发地形成，任何创造活动都必须以一定的学习作为必要的基础，这实质上是一种文化继承行为。因此，数学教师必须在数学教学中发挥主导作用。首先，必须深入了解学生真实的数学思维活动，这样才能根据学生已有的数学知识进行启发与促进。其次，必须为学生的数学学习活动创造一个良好的学习环境，以帮助学生获得必要的数学经验和预备知识，这样才能为新的知识建构提供良好的基础。为了使数学课堂成为学生相互交流、思想开放、协商争辩的理想场合，教师必须以身作则，并且应当通过经常向学生提出"做什么？""为什么要这样做？"和"如何做？"等一系列问题，起到一个质疑者的作用，以帮助学生思考、理解、猜测、交流并最终解决有关的数学问题。最后，必须重视对学生错误的纠正，以帮助学生进行自我反省，引起内在的观念冲突，这样才能提供适当的外部环境以促进学生内部的数学认知结构的更新，从而不断适应与发展新的建构过程。

我们的数学教学应该促使学生的学习活动向着下述方向转变，学生主动且独立地处理学习内容，并且越来越自主地学习，并能系统地形成学习目标；选择并使用适合于内容、条件及目标的学习策略；合理地使用学习工具与学习时间等等。换句话说，数学教师所进行的教学思考与所做出的教学决策，必须有利于促使学生从"学会数学"发展为"会学数学"。

总之，数学教师必须特别注意自身观念的更新，不断改造陈旧的、传统的数学观与数学教学观，根据数学教育的基本矛盾，正确认识数学教育的价值及时代特征，充分理解数学学习与教学活动的本质，以实现数学教学思想的根本性变革，其中最关键的就是不再把数学学习看作学生对于教师所授予的数学知识的被动接受，而是以学生已有的数学知识和经验为基础的建构过程。

第二章 当代数学教学改革与发展

第一节 国际数学教学改革与发展

一、20 世纪的数学教学改革运动

1. 培利的"实用数学"教育观与 F. 克莱因的"近代数学"教育观

大概在 100 年以前,欧几里得的《几何原本》在英国仍然是一切教科书的蓝本。大数学家庞加莱(Poincarfi)曾经这样幽默地讽刺当时数学教育的失败:"教室里,先生对学生说'圆周是一定点到同一平面上等距离点的轨迹',学生抄在笔记本上,但是没人明白圆周是什么。于是先生拿粉笔在黑板上画了一个圆圈,学生恍然大悟,原来圆周就是圆圈啊。"庞加莱对这种数学教育的指责并非无中生有,反而到处都存在,直至现在也并未绝迹。

1901 年,英国工程师、皇家科学院教授培利(J.Perry,1850—1920)顺应时势,在英国科学促进会上做了题为"数学的教学"的长篇报告,猛烈抨击英国的教育制度,反对为培养一个数学家而毁灭数以百万人的数学精神。

培利旗帜鲜明地提出,数学教育要关心一般民众,取消欧几里得《几何原本》的统治地位,提倡"实验几何",重视实际测量、近似计算,运用坐标纸画图,尽早接触微积分。他归纳学习数学的"理由"有:培养高尚的情操,唤起求知的喜悦;以数学为工具学习物理学;为了考试合格;给人们以运用自如的智力工具;使应用科学家认识到数学原理是科学的基础;认识独立思考的重要性,从权威的束缚下解放自己;提供有魅力的逻辑力量,防止单纯从抽象的立场去研究问题。培利嘲笑那些只关心第 3 条(为了考试合格)的教师说,这些数学教师尽管什么用处也没有,但他们却像受人顶礼膜拜的守护神。

培利的观点得到了英国社会各界的广泛支持,英国教育部在培利的倡导下,把实用数学列入了考试纲目。1902 年,以培利演说为中心内容写成的书《数学教学的讨论》出版,在 20 世纪的开端,在英国以培利为代表的数学教育改革运动便拉开了序幕,之后,培利精神走出英国,影响更大,如美国芝加哥大学的莫尔(E.H.Moore,1862—1932)不但拥护培利的观点,还指出了美国数学教育的缺点和改革方向,提出要搞统一的数学,注意数

学和具体现象的联系，采用实验法等，在培利改革运动的同时，德国数学家 F. 克莱因（Felix Klein，1849—1925）继续推动世界数学教育的改革。1892 年，他着手对哥廷根大学的数学、物理学的教育制度、教育计划进行改革。1895 年他创建了"数学和自然科学教育促进协会"。1900 年，他在德国学校协会上，强调应用的重要性，建议在中学讲授微积分。1904 年他指出"应该运用教育学、心理学指导教学活动"。1905 年，由 F. 克莱因起草的《数学教学要目》在意大利的米兰公布，世称米兰大纲。其要点是：

①教材的选择、排列，应适应于学生心理的自然发展；

②融合数学的各分科，密切数学与其他各学科的关系；

③不过分强调形式训练，实用方面也应置为重点，以便充分发展学生对自然界和人类社会诸现象进行数学观察的能力；

④为达到此目的，应将培养函数思想和空间观察能力作为数学教学的基础，以函数概念和直观几何作为数学教学的核心。

不难看出，以培利、F. 克莱因为带头人的改革，基本精神是追求面向大众，强调"以儿童为中心""从经验中学"，重点是课程内容的改革，追求数学各分科的有机统一，强调数学的实用性。这份米兰大纲，是一份向世界各国推荐的模范大纲，其指导思想一直贯穿于整个 20 世纪，至今仍然具有指导意义。

值得指出的是，他们强调实用数学的教学，并非狭窄的实用主义。培利指出："数学教育的根本问题是如何融合理论数学和实用数学，但是不幸得很，在初等数学范围内，还保留着理论和应用的划界分疆。"为此，他亲自著《初等实用数学》等书，并一再强调：教儿童学习推理一件事情之前，必先去实行这件事情，从测量、计算、实验得到结果，这样才能培养他的推理能力，并从自己生动的创造中得到快乐。

培利、F. 克莱因掀起的改革为数学教育的发展立下了汗马功劳，促进了人们对数学教育改革的思考，不少国家受益匪浅。但由于第一、二次世界大战相继爆发等原因，运动受到阻碍，第一次浪潮也随之衰落。

2."新数学运动"

1945 年"二战"结束后，世界上虽然仍有时断时续的局部战争，但绝大部分国家得以集中精力发展经济，并取得了显著成就，"新数学运动"是 20 世纪最为轰轰烈烈的一场数学教育改革运动。关于这场运动的是非功过，在其后的 30 年间，始终是人们研究的一个重要课题。从整体上看，虽然"新数学运动"以失败而告终，但它对中学数学课程至今仍产生着深刻的影响。

许多人把"新数学运动"的兴起归于苏联的第一颗人造地球卫星上天，其实并不尽然。早在 20 世纪 50 年代初期，"新数学运动"就已经作为美国战后数学教育计划之一悄悄地开始了。其最初的想法主要基于下面两个方面的变革：

（1）数学本身的变革

第二次世界大战后，布尔巴基学派的兴起使数学抽象化、公理化、结构化的程度越来越高，将古典几何排除在现代数学之外。在这种情况下，许多数学家都竭力主张彻底改革中学数学课程，用现代数学的思想方法和语言来重建传统的初等数学，并引进新的现代数学内容。

（2）课程观念上的转变

现代心理学领域中，以皮亚杰为首的结构主义学派，发现数学思维的结构与数学结构十分相似，这一研究对数学教育的改革产生了很大的影响。数学教育的专家们开始重视对数学的理解，将"如何教"作为研究的重点，他们感到，传统的数学课程存在着明显的不足：一是过分强调运算技巧，学习数学退化成为死记公式、模仿例题的工作，缺乏必要的数学理解；二是忽视数学的逻辑结构和系统性，人为地把数学课程分割成一些互不相通的部分。正是在这种课程思想的指导下，人们开始考虑制定新的数学课程。

继美国、欧洲推进数学教育现代化之后，非洲、拉丁美洲、东南亚地区也都相继成立了地区性的机构并召开会议来推进"新数学运动"。自此之后，"新数学运动"开始波及全球，并于20世纪60年代形成高潮。

"新数学运动"给数学教育带来了许多新景象，例如：

①课堂教学组织更为灵活。

②数学被作为一个开放体系而呈现。

③数学概念通过螺旋式的方式加以呈现。

④把兴趣作为激励学生学习数学的主要动机。

⑤学生更多地采用发现和基于问题的方式学习数学。

⑥教学中更多地强调概念的理解，以及归纳法和演绎法的相辅相成。

⑦从被动地接受解释性的教学逐步变成主动地卷入以问答式来学习数学。

⑧图像和各种直观传播物大量运用，推动了"数学教学心理"的相关研究。

尽管如此，在实施过程中也难免会暴露出其存在的一些缺点，主要包括：

①强调理解，忽视基本技能训练；强调抽象理论，忽视实际应用。

②对教师的培训工作没有跟上，使得不少教师不能胜任新课程的教学。

③只面向优等生，忽视了不同程度学生的需要，特别是学习困难的学生。

④增加现代数学内容分量过重，内容十分抽象、庞杂，致使教学时间不足，学生负担过重。

正是这些致命的缺点，导致了数学教育质量的普遍降低。而且不少教师和学生家长对"新数学"感到陌生和迷惑。实践证明，"新数学"离实际太远，这就使得"新数学运动"渐渐丧失社会的支持，但这并不是说就要全盘否定它的价值。

自 1970 年起，以美国数学家克莱因(M.Kline)、法国数学家托姆(R.Tome)等人为代表，对"新数学运动"进行了猛烈批评，而且这种批评愈演愈烈，至 20 世纪 70 年代后期"新数学运动"已呈现一派衰退之势，并被"回到基础"的口号所取代。

3."回到基础"和"大众数学"

"新数学运动"之后，人们对数学教育改革进行了认真的总结与思考。20 世纪 70 年代，提出了"回到基础"的口号，与轰轰烈烈的"新数学运动"相比，"回到基础"进行得几乎可以说悄无声息，既没有响亮的口号，更没有统一的纲领。20 世纪 80 年代以来，数学教育领域空前活跃，数学课程理论研究不断深入，各国均以建立适应 21 世纪数学教育为目标，根据本国具体情况，提出了各种课程改革的方案与措施，涌现了许多对目前及未来数学课程改革有重大影响的新思想、新观念，可以从以下两个方面进行概括。

（1）数学为大众

在"新数学运动"中，崇尚结构主义的数学课程是为少数精英设计的，致使多数学生学不好数学，人们逐渐认识到，数学应成为未来社会每一个公民应当具备的文化素养，学校应该为所有人提供学习数学的机会。在此背景下，德国数学家达米洛夫于 1983 年首次提出"Mathematics for All"（译为"数学为大众"或"大众数学"）。1984 年，第五届国际数学教育会议上正式形成"大众数学"的提法。1991 年年初，美国总统签署了一份《美国 2000 年教育规划》的报告，提倡让所有人都有效地学习数学的大众数学思想。在我国，随着九年制义务教育的全面实施，数学教育界一批年轻学者对大众数学意义下的数学课程的设计进行了探索与研究，并且取得了丰硕的成果。

大众数学意义下的数学教育体系所追求的教育目标就是让每个人都能够掌握有用的数学，其基本含义包括以下两个方面。

①人人学有用的数学，没有用的数学，即使人人能够接受也不应进入课堂，所以，作为大众数学意义的数学教育，首要的是使学生学习那些既是未来社会所需要的，又是个体发展所必需的；既对学生走向社会适应未来生活有帮助，又对学生的智力训练有价值的数学。我们不可能让学生在校期间仅仅学习从属于哪一种价值（或需要）的知识，而必须设计出具有双重价值乃至多重价值的数学课程。

②人人掌握数学，有多种措施可以实现人人掌握数学，而"大众数学"意义下实现人人掌握数学的首要策略就是让学生在现实生活中学习数学、发展数学。这就需要删除那些与社会需要相脱节、与数学发展相背离、与实现有效的智力活动相冲突的，且恰恰是导致大批数学差生的内容，如枯燥的四则混合运算、繁难的算术应用题、复杂的多项式恒等变形以及纯公理体系的欧氏几何。另外，还需要突出思想方法，在紧密联系生活的原则下增加估算、统计、抽样、数据分析、线性规划、图论、运筹以及空间与图形等知识，使学生在全面认识数学的同时，获得学好数学的自信。

有学者认为，大众数学基本目标的实现很大程度上在于相应课程的设计与实施。大众数学意义下的数学课程改革不能仅仅局限于对现行教材的增加或删减，而需要寻求新的思路，概括起来有以下三点：

①以反映未来社会公民所必需的数学思想方法为主线选择和安排教学内容。

②以与学生年龄特征相适应的大众化、生活化的方式呈现数学内容。

③使学生在活动中、在现实生活中学习数学、发展数学。

（2）以问题解决为核心

1980年4月，美国数学教师协会公布了一份名为《关于行动的议程》的文件，其中明确提出，"必须把问题解决作为20世纪80年代中学数学教学的核心。"同年8月，该协会又提出中学数学教育行动计划的建议，指出：

①数学课程应当围绕问题解决来组织。

②数学教师应当创造一个有利于问题解决的课堂环境。

③在数学中问题解决的定义和语言应当发展和扩充。

④对各年级都应提供问题解决的教材。

⑤数学教学大纲应当通过各年级讲数学应用，从而提高学生解决问题的能力。

1982年，英国数学教育的权威性文件Cockcroft Report响应了这一口号，明确提出数学教育的核心是培养解决数学问题的能力，强调数学只有被应用于各种情况才是有意义的，应将"问题解决"作为课程论的重要组成部分，这很快得到了世界各国数学教育界的普遍响应，并由此掀起了一股问题解决研究的热潮。在1988年召开的第六届国际数学教育会议上，"问题解决、模型化和应用"成为七个主要研究课题之一，其课题报告明确指出，问题解决、模型化和应用必须成为从中学到大学所有所学数学课程的一部分。1989年3月，日本《学习指导要领》新的修订本中，正式纳入"课题学习"的内容，使"问题解决"的思想以法律的形式固定下来。"课题学习"就是以"问题解决"为特征的数学课，特别强调创造能力、探索能力、解决非常规问题能力的培养。如今，问题解决已成为世界性的数学教育口号。可以说，在数学教育历史上，还从来没有一个口号像"问题解决"那样得到如此众多的支持。我国数学问题解决有较长的历史，从九章算术问题的研究，到目前解题技能技巧的训练，都离不开数学题。传统的观念总是把数学题与技能训练紧密联系在一起，把解数学题与应付考试紧密相连。但是，在世纪之交提出的"问题解决"，承担着中学数学教学核心的重担，其内涵已有了质的变化，对于"问题解决"的含义可以从三方面加以解释。

①"问题解决"是数学教学的一个目的。重视问题解决的培养，发展学生解决问题的能力，最根本目的是通过解决问题的训练，让学生掌握在未来竞争激烈、发展迅速的信息社会中生活、生存的能力与本领。当问题解决被认为是一个目的时，它就独立于特殊的数

学问题和具体的解题方法，而是整个数学教学追求的目标。当然，这必然会影响数学课程的设计，并对教学实践有重要的指导作用。

②"问题解决"是一个数学活动过程，可以通过问题解决，让学生亲自参与发现的过程、探索的过程、创新的过程。在这个过程中，一个人必须综合使用他所有的知识、经验、技能技巧以及对新问题的理解，并把它运用到新的、不熟悉的、困难的情境中去。这种解释的出发点是，我们不能只教给学生现成的数学知识，而应让学生体验把现实中的数量关系进行数学化的解决问题过程，通过这一过程来掌握解决问题的策略与方法，掌握学习的方法，培养与发展收集、使用信息的能力。

③"问题解决"是一项基本技能。这种解释与我们对问题解决的传统理解相统一，但它并非单一的解题技能，而是一个综合技能。它涉及对问题的理解，求解的数学模型的设计、求解方法的寻求，以及对整个解题过程的反思与总结。

目前，"问题解决"的理论研究正在深化，教学指导思想已逐步渗透到许多国家的教学实践之中。美国数学教师进修协会拟订的《中学数学课程与评价标准》把"问题解决"作为评价数学课程和教学的第一条标准，英国的数学课程也贯穿着"问题解决"的精神，不再具有"公理定义—定理—例题"这种纯形式化的叙述体系，而渗入了更多的非形式化的以解决问题为目标的学习活动，英国的 SMP 教材系列中，有一册名为《问题解决》的学生用书，该书包含数学探求、组织你的工作、数学模型、完成你的探究、数学论文、新的起点等方面的内容，目的是想告诉学生如何处理所遇到的数学问题。另外，中国式的"问题解决"也有大量问题正在引起关注。鉴于这样的国际背景，我国数学教育界也采取了相应的行动，编写了第一本并非以应付考试为目的的中学数学问题集，作为学生的辅导读物，对中学数学教学产生了一定的积极影响。

二、国际数学教学改革的特点

纵观世界各国数学教育的改革与发展状况，通过不断的吸收经验和教训，我们对"数学教育现代化"的观念理解会更加全面。数学教育的现代化，是教学内容的现代化，也是数学思想、数学方法、手段的现代化，更是人的现代化。可以通过以下几个方面对国际数学教育改革发展的新特点进行概括。

1. 关于中小学数学课程目标

①重视问题解决是各国课程标准的一个显著特点。

②增强实践环节是各国课程标准的共同特点。增加具有广泛应用性的数学内容，从学生的现实生活中发展数学。

③强调数学交流是各国课程发展的新趋势，数学交流是数学教育的重要内容之一。数

学作为一种科学语言，为人们提供了一种有力的、简洁的、准确的交流信息的手段，也是人际交流和学术交流的一种工具。因此，学生不但要培养自身进行各种数学语言转化的能力，更要学会使用数学语言准确、简洁地表达自己的观点和思想。

④强调数学对发展人的一般能力的价值，淡化纯数学意义上的能力结构，重在可持续发展。

⑤着重数学应用和思想方法。大多数国家倾向于让学生通过解决实际问题，在掌握所要求的数学内容的同时，形成一些对培养人的素质有益处的基本的思想方法，如实验、猜测、模型化、合理推理、系统分析等。

⑥增强数学的感受和体验。让学生体验做数学题的成功乐趣，培养学生的自信心是数学教育的重要目标之一。

⑦加强计算机的应用，将计算机作为一项人人需要掌握的技术手段。课程改革现代化发展的一个重要趋势就是，针对过去仅面向成绩好的学生而忽视满足不同程度学生需求的缺点，设计出弹性更大的数学课程，使学生能根据自己的程度、兴趣对未来职业有所选择。该意见由荷兰数学教育家汉斯·弗赖登塔尔在20世纪80年代提出。1986年3月，国际数学教育委员会在科威特召开了"90年代中学数学"专题讨论会，对20世纪90年代的数学课程发展做了预测，把"人人都要学的数学"列在了首位。

2. 关于数学教学内容及处理

①数学教科书的素材应当来源于学生的现实。此处的现实可以是学生在自己的生活中能够看到的、听到的，或者感受到的；也可以是他们在数学或其他学科学习过程中能够思考或操作的、属于思维层面的现实，因此，学习素材应尽量来源于自然、社会与科学中的现象和问题，而其中应当具有一定的数学价值。

②注意教材中的数学活动材料的选取和知识的发生发展过程,注重教材对学生的探索、猜想等活动的引导和对学生数学能力的培养。

③注意教材应面对解决实际问题与日常生活问题，包括提出问题、设计任务、收集信息、选用数学，注意加强数学与其他学科领域的联系，注重在应用数学解决问题的过程中，使学生学习数学、理解数学。

④加强几何直观，特别是对三维空间的认识，降低传统欧氏几何的地位，用现代数学思想处理几何问题。

⑤注重新技术对数学课程的影响。从新技术带给数学的深刻变化，重新审视教学中应选取的数学内容。较早引入计算器、计算机，发挥现代信息技术手段在探索数学、解决问题中的作用。

⑥加强综合化和整体性，使学生尽早体会数学的全貌。注重现代数学思想方法的渗透。

⑦课程结构既适应"数学为大众"的潮流，又强调"个别化学习"。

⑧内容设计更加弹性化。关注不同学生的数学学习需求，考虑到学生发展的差异和各地区发展的不平衡性，在内容的选择与编排上体现一定的弹性，有一些拓宽知识的选学内容，但不片面追求解题的难度、技巧和速度。

⑨注意呈现形式丰富多彩。教科书应根据不同年龄段学生的兴趣爱好和认知特征，采取适合于学生的多种表现形式。

⑩课程内容的安排一般是螺旋式上升的，也可以采取适于因材施教的"多轨制"，而不是"一步到位"。对重要的数学概念与思想方法的学习应逐级递进以符合学生的数学认知规律。

21世纪具有全球化和信息化的特征，社会的数字化程度日益提高，要求人们具有更高的数学素养。知识经济的时代，数学将更广泛更普遍地渗透到社会生活的方方面面。数学越来越表现得与人类的生存质量、社会的发展水平休戚相关。因此，人们不能不对数学有新的认识和对数学教育有新的思考。相信，社会的进步、数学的发展、国际数学教育的发展态势，以及学习心理学的研究成果和义务教育的基本精神，所有这一切都在孕育着一个崭新的数学教育时代。

第二节 我国数学教学的改革与发展

一、我国数学教学改革的主要历史轨迹

自新中国成立以来，我国数学教育教学经历了多次较大规模的变革。

1983年，邓小平同志为北京景山学校题词"教育要面向现代化、面向世界、面向未来"。相应地，教育部也提出了关于进一步提高中学数学教学质量的意见，随后，全国数学教育领域，特别是初中数学教学掀起了大面积提高教学质量的高潮，许多数学教育研究者、中学数学教师就如何提高数学教学质量、如何培养学生的数学能力，进行了改革数学教学方法的探索与实验，取得了丰硕成果，上海市青浦区的数学教学改革实验是其中较有影响的。这些成果为此后的数学教学与数学教学改革打下了坚实的基础。

1985年5月，颁发了《中共中央关于教育体制改革的决定》。1986年4月颁发了《中华人民共和国义务教育法》，正式提出基础教育要从应试教育转变为素质教育。1988年《九年制义务教育全日制初级中学数学教学大纲》正式颁布，强调初中阶段数学教学不仅教给学生数学知识，还要揭示思维过程；强调数学思想方法的渗透；强调培养学生运算能力、逻辑推理能力、空间想象能力，以及分析问题、解决实际问题的能力，为了衔接好初、高

中，1996年教育部制定了与《九年制义务教育全日制初级中学数学教学大纲》配套的《全日制高级中学数学教学大纲》，与原大纲相比，在知识、技能、意识、能力、个性品质方面都有所变化。并于1997年在山西、江西、天津三个地区进行了一个教学周期的试验。2000年在对高中教学大纲、教材进行了修改之后，逐步推向全国，2002年秋季扩大到除上海以外的所有省、自治区、直辖市。

在即将进入21世纪之际，世界各国掀起了以课程改革为核心的基础教育改革。之所以称课程是教育改革的核心，是因为它是学校培养未来人才的蓝图，是教育理念、教育思想的集中体现，是影响教师教学方式与学生的学习方式的重要因素，基础教育课程改革成为世界各国增强国力、积蓄未来国际竞争力的战略措施。在这样的背景下，我国基础教育在世纪之交又迎来了一次变革的浪潮。

新一轮数学课程改革发端于20世纪90年代初。当时，国内一些数学教育工作者开始对我国数学教育的现状和未来进行了比较全面的反思和研讨，并形成了《21世纪数学教育展望》《数学素质教育设计》等研究成果；上海市于20世纪90年代制定了上海市中小学数学课程标准，并先期进行了课程改革实验。当然，本次课程改革在全国范围内的正式启动，还是开始于成立国家数学课程标准研制小组。我们可以从下面的时间表中全面感受本次课程改革的进程：

九年义务教育阶段：

1999年3月，成立义务教育国家数学课程标准研制组。

1999年10月，开始数学课程标准的起草工作。

2000年3月，形成"数学课程标准征求意见稿"。

2001年7月，颁布《全日制义务教育数学课程标准（实验稿）》。

2001年上半年，各出版机构开始课程标准实验教材的编写工作。

2001年9月，38个国家级实验区开始进入新课程实验区。

2002年，全国约18%的小学、初中起始年级进入新课程实验。

2005年，全国所有小学、初中起始年级进入新课程实验。

高中阶段：

2001年，普通高中国家数学课程标准研制组成立。

2003年4月，颁布《普通高中数学课程标准（实验）》。

2004年，宁夏、山东、广东、海南4省（自治区）整体进入高中课改实验。

2005年，新增江苏省进入高中课程改革实验。

2006年，新增安徽、浙江、辽宁、福建、天津等5省（市）进入课程改革实验。截至2006年，总计有10省（市）高一年级整体进入新课程实验。根据教育部规划，到2008年所有省（市）高中起始年级进入新课程实验。

二、我国数学教学改革的总结评价

国际数学教育现代化运动自兴起至今已有半个多世纪的历史，半个多世纪以来，人们对于如何进行改革一直争论不休。21世纪是科学技术迅猛发展的时代，是知识经济全面崛起的时代，在这样一个世纪之交的重要历史时期，世界各国特别是发达国家，都在抓紧制定面向21世纪的发展战略，争先抢占科技、产业和经济的制高点。更引人注目的是不少国家，都在反思教育，紧抓教育改革，把数学教育改革放在核心地位，这给我们以新的启示，我们的数学教育必须与国际数学接轨，形成新的数学教育思想和实践体系。根据社会对数学的不同需要，提供水平适当的数学教育，为社会提供各层次、各类型的工作者，以适应21世纪信息时代的需求。

自20世纪80年代以来，适合中国国情的，更加科学的、更加现代化的数学教育体系正在建设和不断完善中，"面向现代化，面向世界，面向未来"是正在进行的数学教育改革的一个指导思想，一些新的数学教育思想如"大众数学""问题解决""非形式化原则""应用意识""EQ（情绪智商）教育"等相继出现，并且不同程度地为人们所接受，数学素质教育逐渐深入人心。

中华人民共和国成立以来，通过不断的改革，我国的数学教育取得了长足的进步。经过长期的历史积淀，形成了具有自身特色的数学教育传统。勤于习题演练，重视系统训练，注意知识的梳理和结构掌握，并进行多样的"变式训练"，通过"练题"来及时巩固和强化知识，"精讲多练"成为普遍的教学模式，我们的数学教育，长处是能使学生有扎实的双基，但也存在缺乏创造意识的不足。应该把培养人的分析问题、解决问题的能力作为教育的主旨。

改革开放以来，特别是《中华人民共和国义务教育法》颁布以后，打破了义务教育阶段"一纲一本"的局面，教材在统一基本要求的前提下开始注意多样化；在各地兴起了不少围绕义务教育阶段教学内容、教学方法的改革实验，形成了众多理论和实践的成果；而随着对外学术交流的推进和我国学生在国际测试和竞赛中的不俗表现，我国的数学教育经验开始为国际数学教育界所关注。

20多年来，我国社会安定、政治稳定、经济高速发展，教育改革也在深入进行。特别是近10年来，我国的数学家、数学教育家以及广大的数学教育工作者对数学教育的改革给予了前所未有的关注。这期间，中学数学教学的改革显得特别活跃，主要表现在以下四个方面。

1. 教师的教学观、学生观发生转变

数学教师教学观念的发展经历了由传统数学教学观念向现代数学教学观念的转变，例如，从注重学会转向注重会学，从注重教法转向注重学法，从注重选拔转向注重发展，从注重学生被动接受转向注重学生主动发现和探究，从单纯教师的方法转向师生合作的方法，从注重数学知识的量和"题海战术"转向注重数学观、数学知识价值和思想方法教学，从注重知识（如定理、公式、法则）的记忆转向注重思维的启发，从注重学习的结果转向注重学习的过程，从信息单向传递转向信息的多向交流，从封闭型的教学转向开放型的教学，从"管"的教育转向"导"的教育，从数学"双基"传授转向数学素质的全面提高，从强调以本（课本）为本转向强调以人（学生）为本；等等，这些新的教学观念都正在影响并且指导着今天的数学教师的教学实践。

2. 改革教学模式和教学方法的实验

数学教学模式研究蓬勃开展，新教案设计、"说课"等方式推动了素质教育在教学课堂中的落实，中国教育学会数学教学研究专业委员会于1996年、1998年在安徽黄山、湖北宜昌成功地举办了全国初中教师优秀课评比活动，对推动初中数学课堂教学改革产生了十分积极的作用，特别是"说课"这种教研方式要求教师不仅要说出"教什么、学什么"，还要说出"为什么教、为什么学"，对教师的理论素养提出了更高的要求，是一种易于推广的群众性的教研模式，但这方面的理论研究似乎还不够。"什么是一堂好的课？"其实大家的看法并不一致，课堂教学评价"八股化"的倾向，"千人一面"的教学模式，"大信息量、高密度"的注入式教学、多媒体辅助数学教学的形式主义等，仍未得到有效控制。

在我国教改中，教学方法的改革实验研究可以说是最为活跃、最有成果的一个领域。为使数学教学克服传统教学方法的弊端，培养学生适应新时期新形势的要求，在教学中普遍注意了发挥学生的主体作用和教师的主导作用，重视知识的发生过程，注重开发智力和培养能力。因此，为实现教学目的而进行了教学方法的种种改革实验，总结出了各种形式的、行之有效的教学方法。如"读读、议议、讲讲、练练"八字教学法、"学导式"教学法、"问题"教学法、"单元整体"教学法、"自学、议论、引导"教学法、六课型单元教学法、"尝试、指导、变式、回授"教学法、研究教学法，等等。数学教学改革不断深入，继青浦经验之后，各地陆续出现了一些新的实验。例如，北京为优秀生编写的数学教材，北京师范大学教科所主持的小学数学实验教材，都相当成功；四川、贵州、云南的"高效益（GX）实验"，面广、量大，成效卓著；柳州教育学院的"问题引导"数学教学实验，也颇有特色。

在数学教学改革实验中特殊教育方法占有重要地位，特别是在转化"数学后进生"问题方面十分突出。另外，各地的"分层教学法""目标教学法"在数学教学中也取得了明显成效。此外，国内已有教改实验证明，"EQ教育"为解决数学后进生问题提供了一条好的途径。通过在数学教学中开展"EQ教育"，可以帮助学生正确地认识自我，正确地对待成功与失败，树立起做人的自信，增强学生间的合作与交流，促进EQ水平与IQ（智商）水平的均衡发展。

3. 围绕中学数学的课程建设和教学内容开展了各种改革实验

自20世纪80年代以来，我国已有很多进行教材改革的实验种类，编写的实验教材也各具特色。这些教材不但包括部编十年制教材和六年制重点中学教材，还包括受原国家教委委托，由北京师范大学牵头，根据美国加州大学伯克利分校数学系教授项武义的"关于中学实验数学教材的设想"，组织、编写的《中学数学实验教材》；中国科学院心理研究所研究员卢仲衡主持的"中学数学自学辅导实验"。

进入90年代之后，世界各国的课程体系都围绕数学教育的新思想、新观点，进行了很大程度的改革。根据1999年1月国务院批转教育部起草的《面向21世纪教育振兴行动计划》和1999年6月中共中央、国务院做出的《关于深化教育改革全面推进素质教育的决定》，教育部明确提出："整体推进素质教育，全面提高国民素质和民族创新能力。改革课程体系和评价制度，2000年初步形成现代化基础教育课程框架和课程标准、改革教育内容和教学方法、启动新课程的实验，争取经过10年左右的时间，在全国推行21世纪基础教育课程教育体系。"教育部基础教育司已组织力量对现在试用的义务教育阶段小学和初中的教学大纲，以及在两省一市试验的高中教学大纲进行修订，并要求高中新教学大纲、新教材在全国逐步推开。如今，随着新一轮国家基础教育课程改革的进行，为认真贯彻落实《国务院关于基础教育改革与发展的决定》和《基础教育课程改革纲要（试行）》精神，已组织草拟并相继出台21世纪基础教育中小学数学课程标准，目前正在实验区进行教学改革实验，并在全国逐步推广，教育部师范司实施的师资培训计划也正在落实。

4. 围绕中学数学教学理论，开展了数学教育理论的研究、总结

首先，应该明确的是，必须以符合我国国情的数学教育理论研究成果为指导，才会使数学教学改革取得成功和进展；同时，教学改革的深入开展，又必然会不断形成、积累和总结出新的成功经验，从而推进数学教育理论研究的不断深化和完善，最终形成具有中国特色的数学教育学科。

其次，还要认识到，进入20世纪80年代以后，国际竞争日益激烈。为了进一步改革数学教学，适应我国社会主义现代化建设的需要，赶上世界先进水平，我国数学教育工作者在"教育要面向现代化、面向世界、面向未来"的方针指引下，不但加强了国际上的学术交流活动，引进了国外多种流派的现代数学教育理论，更是在国内开展了大量的数学教学改革的问题研究，并取得了一定的成果。可以从以下几个方面对这些研究进行概括。

①研究现代数学教育理论和我国的数学教学经验，建立具有中国特色的数学教育学。

②在数学教学中，发展学生的智力和培养学生的能力的理论与实践。

③开展中学数学课程的内容与体系改革的实验与研究。

④研究和比较各种现代数学教学的理论和方法。

⑤研究各种现代数学学习理论和数学教育心理学。

⑥探索大面积提高中学数学教学质量的理论、方法、途径及有效措施。

⑦研究计算器的使用、计算机辅助教学等问题。

⑧研究数学教育评价和考试命题的科学化的问题。

⑨研究中学数学现代化的问题。

⑩研究数学教学的最优化问题。

⑪研究问题解决与创造性学习的问题。

⑫研究数学史、数学思想史的作用问题。

⑬研究数学教育实验问题。

⑭研究数学文化与民族数学的问题。

针对以上研究，可以从以下四个层面开展研究工作。

①数学科学，包括传统的初等数学研究、现代统一的结构观点研究、高观点的指导和解题方法的研究。

②教育科学，即强调数学与教育科学的有机结合，包括数学教学论、数学学习论（数学教育心理学）、数学课程论、数学教育测量学、数学教学实验的理论与实践。

③数学思想与方法论，包括数学思想发展史、数学方法论、数学解题方法论、数学学习方法论等内容。

④思维科学，包括数学教育中的思维和逻辑以及电子计算机与数学教育等内容。

自 20 世纪 90 年代以来，中央逐步加大了教育的战略地位，并力争建设适合中国国情的，更加科学、更加现代化的数学教育体系。中国数学教育有许多优点，如重视基础训练、善于培养数学竞赛尖子学生等好的一面；同时也有学生负担过重、热衷升学的"英才"教育及忽视数学应用和数学创造能力的培养等不足的一面。但中国历来具有考试文化的传统，升学考试对数学教育的发展起着决定性的作用，"片面追求升学率"的消极影响，致使数学教育改革的步伐十分缓慢，甚至严重受阻。

长期以来，国内成功的数学教育经验，真正上升为理论的不多；国外的数学教育科研成就，真正能加以运用、吸收，与我国实际相结合的就更少。特别是对一些当前深感忧虑和困惑的问题应给予科学的回答，如怎样克服"题海战术"而加强对学生的数学思想方法的培养，怎样使数学教育的功能由"应试教育"转变为"素质教育"，怎样克服数学教育中过分追求演绎而加强学生的创造能力的培养，怎样增加课程的灵活性使之更适应不同民族、不同智力层次学生的需要，数学教育的价值观怎样在形式陶冶和应用价值之间保持适当的平衡，如何增进学生的数学文化素质，如何体现数学教学的个性化，如何培养学生的创新精神和实践能力，等等。总之，要想在新的形势下进一步完善和发展我国数学教育体系，还需要从理论和实践上予以更好的解决。

第三节　建构主义与当代数学教学改革

一、认识建构主义

建构主义又称为结构主义、建构学说等，其最早创始人可追溯至瑞士著名的心理学家皮亚杰（J.Piaget）。他所提出的"认识发生论"指出："发生认识论主要的成果是这样一个发现，我们获得知识的唯一途径是凭借连续不断的建构。"他认为，不仅智慧过程是可以构造的，而且认知结构也是不断建构的产物。

建构主义的发展经历了三个阶段：极端建构主义、个人建构主义和社会建构主义，正经历着有由一元论、极端主义向多元化、折中主义的重要转变。

极端建构主义的代表人物是冯·格拉塞斯菲尔德（Von Glasers fieeld），他认为极端建构主义的两个基本观念就是：

①知识并非被动地通过感官或其他的沟通方式接收，而只能源自主体本身主动的建构。

②认知的功能在于生物学意义上的顺应和组织起主体的经验世界。极端建构主义对个体性质绝对肯定，而否定其他人的经验世界的直接知识。而社会建构主义的核心在于对认识活动社会性质的明确肯定，这对于极端建构主义忽视社会文化环境和他人客观经验知识的不足正好能起到弥补作用。

结合皮亚杰的智力发展理论，就可得到一种折中的现代建构主义的要旨：

①学习不是被动地接受外部事物，而是根据自己的经验背景，对外部信息进行选择、加工和处理，从而获得心理意义。意义是学习者通过新旧知识经验的相互作用过程而建构的，是不能传输的，人与人交流，传递的是信号而非意义，接受者必须对信号加以解释，重新建构其意义。

②学习是一种社会活动，个体的学习与他人（教师、同伴等）有着密切的联系。传统教育倾向于将学习者同社会分离，将教育看成学习者与目标材料之间一一对应的关系，而现代教育意识到学习的社会性，认为同其他个体之间的对话、交流、协作是学习体系的重要组成部分。

③学习是在一定情境之中发生的。学生意义的建构依赖于一定的情景，这里所说的情景包括实际情景、知识生成系统情景、学生经验系统情景。创设问题情境是教学设计的重要内容之一。

建构主义者强调联系新知识到先前知识的重要性，强调在真实世界里进行"浸润式"

教学的重要性，并且认为学习总是背景化的，即学什么依赖学生先前的知识和学习的社会背景，也依赖于所学东西和现实世界的有机连接。

从信息论的观点来看，知识是无法传递的，传递的只是信息，知识不是通过感官或交流被动获得的，而是通过认识主体的反省抽象来主动建构的。同时，个体的学习总是融于一定的社会环境之中，不再仅是主体的个体行为，即建构活动具有社会属性。综上所述，建构主义理论有主体性、建构性、社会性三大要素。

二、建构主义与数学教学

1. 建构主义的教学观

概括地说，建构主义的学习不但强调学生的主体作用，而且要求教师由知识的传递者、灌输者转变为学生主动建构的设计者、组织者、促进者和评价者。建构主义的教学观主要体现在以下四个方面。

（1）强调以学生为中心

在具体的数学教学过程中，要充分发挥学生的主动性，积极参与个人对数学知识的建构。

（2）强调"情景"对意义建构的重要作用

在教师精心设计的问题或一定的学习背景材料的指引下，努力营造一种具有一定困难需要克服，又是力所能及的学习情景，以诱发学生的认知冲突，参与意义建构。

（3）强调"协作学习"对意义建构的重要作用

建构主义理论强调学生在教师的组织和引导下一起讨论和交流，共同建立起"学习共同体"并成为其中一员，在讨论和交流中通过思维火花的碰撞，得出正确结论，共享思维成果，以达到整个"学习共同体"对所学数学知识的意义建构。

（4）强调学习过程的最终目的，是完成对数学知识的意义建构

意义建构的实施，应在分析教学目标的基础上，选出所学数学知识中的基本概念、基础知识、基本技能等作为所学知识的"主题"，然后再围绕这个主题进行意义建构（达到对该"主题"较深刻的理解和掌握）。

2. 建构主义的学习观

概括地说，建构主义的数学学习不再将数学知识看成已有的结论或知识记录。对于学生来说，那些前人已经建构好了的知识，仍是全新的、未知的，需要他们通过自己的学习活动来再现前人建构的类似过程，学生以认知主体的身份亲自参加丰富生动的活动，在与情景的交互作用下，重新组织内部的认知结构，建构起自己对内容、意义的理解，任何人（包括教师）是不能包办代替这种身份的，应当得到充分的认识。

另外，学生个人的认知结构千差万别，能力不尽相同，因而所学习的要求和方式也不一样。应当允许个人根据自己的体验来建构数学知识，得到不同的理解，能够达到对知识正确领悟的"通得过"的理解，而不是对同一知识的整齐划一的理解（这也就是建构主义的"钥匙原理"）。教育的基本原则就是让不同的人掌握不同的数学，使学生的数学学习个性化。

3. 几点说明

（1）建构主义理论的价值

建构主义不管从理论还是实践上都为教育带来了新的观念、新的转变。李士锜在他的著作《PME：数学教育心理》中指出："我们的时代正在呼唤新的数学哲学和数学教育哲学，来为世界范围内的数学教育改革导向和服务……数学教育的建构主义理论就是一个比较能适应这种转变的哲学理论，它吸取了近几十年来哲学、心理学、思维科学、数学教育领域研究的合理成分和最新成果，结合数学的基本性质和特点，对数学教育作了几乎是全方位的阐述，以其较高的着眼点和对数学学习的合理解释而引人注目。"

事实上，对国内外而言，建构主义都可以说是为新一轮课程改革提供了重要的动力因素和思想武器，这一点是不足为奇的。

（2）建构主义的教学实践落后于理论的发展

建构主义的教学理论已形成一个比较完备的体系，相比之下，教学实践显得尤为不足，并远远落后于理论的发展。但用建构主义指导教学实践需要慎重：是否每一个数学概念都要学生自己去建构？讲解、传授知识在数学课堂中是否不复存在？数学知识建构的特殊性体现在哪些地方？这些都需要通过实践做出正确的回答。

总之，以建构主义的教学理论来抹杀一些传统的、优秀的教学思想和教学方法的现象，是不允许存在的。

三、新课程标准体现的建构观

其实，通过仔细审视数学新课程标准，就会发现关于数学的学习观和教学观的论述与建构主义理论几乎一致，无论学生学的方式的变化和教师教的方式的转变，还是教学建议与教学评价建议，都在倡导一种建构主义观念指导下的强调学生的认知主体地位，又不忽视教师的指导地位。教学观体现在教师是学生意义建构的帮助者和促进者，而不是知识的传授者与灌输者。学习观体现在学生是信息加工的主体，是意义建构的主动建构者，而不是外部刺激信息的接收者。我们可以从数学课程标准制定的内容中得到更加深刻的认识。

1. 新数学课程理念简述

新一轮数学课程改革不管是从理念、内容、还是在实施上，都有较大变化。教师不仅是课程的实施者,也是课程研究、建设和资源开发的重要力量。教师不仅是知识的传授者,也是学生学习的引导者、组织者和合作者。可以说,教师是实现数学课程改革目标的关键。教师应首先转变观念,充分认识数学课程改革的理念和目标以及自己在课程改革中的角色和作用。为了更好地实施新课程标准,教师应积极地进行探索和研究,提高自身的数学专业素质和教育科学素质。

前面已经提到过,高中数学课程设立"数学探究""数学建模"等学习活动,为学生形成积极主动的、多样的学习方式进一步创造有利的条件,以激发学生的数学学习兴趣,鼓励学生在学习过程中,养成独立思考、积极探索的习惯。学生在学习数学和运用数学解决问题时,不断地经历直观感知、观察发现、归纳类比、空间想象、抽象概括、符号表示、运算求解、数据处理、演绎证明、反思与建构等思维过程。这些过程是数学思维能力的具体体现,有助于学生对客观事物中蕴含的数学模式进行思考和做出判断。

2. 建构主义学习要求学生发挥的主体作用

建构主义学习要求学生从以下几个方面发挥主体作用:

①要用探索法、发现法去建构数学知识的意义。

②要在建构数学意义的过程中主动去收集并分析有关的信息和资料,要对所学习的问题提出各种假设并努力加以验证。

③要尽量把当前的数学学习内容与以前的经验相联系,并对这种联系进行认真的思考。联系与思考是数学意义建构的关键。如果能将联系与思考的过程和协作学习中的协商过程(及交流、讨论的过程)综合起来,那么建构意义的效率就会更高,学习数学的兴趣也会更浓厚。

④要注重数学学习基本经验的积累。观察、收集数据、处理数据和信息、使用信息技术、归纳、猜想、验证等正确而良好的学习习惯的建立也是数学学习经验积累的最好方式。

3. 建构主义学习要求教师发挥的指导作用

建构主义学习要求教师在以下几个方面发挥指导作用:

①激发学生的兴趣,帮助学生形成数学学习动机。

②创设符合教学内容要求的情景,提示新、旧知识之间的联系,帮助学生建构当前所学数学知识的意义。

③教师应在尽可能的条件下组织协作学习(包括开展讨论与交流等),并对协作学习过程进行适时的指导,使之朝着有利于意义建构的方向发展,最终使学生的数学意义建构更加有效。比如,可以提出适当的问题以引起学生的思考和讨论;可以在讨论中设法将问题引向深入,以加深理解;还可以启发学生自己发现规律,纠正错误的、片面的理解。

④进行必要的讲授。学生的学习离不开教师的讲授,尤其是有意义的讲授能够达到事

半功倍的效果。数学中的很多抽象概念、定理和性质常常以精练的形式出现，并略去了其形成的过程，也略去了它们形成的现实背景和社会文化环境等，教师应将此充分揭示出来，使学生经历比较、抽象、概括、假设、验证和分化等一系列的概念形成过程，从中学到研究问题和提出概念的思想方法。通过讲授充分揭示概念的形成过程，这也正是学生学好数学的重要前提。

第三章　现代教育思想与高校数学教学

第一节　现代教育思想概述

一、现代教育思想的含义

教育是人类特有的一种有目的的培养人的社会实践活动。为了实现教育的目的和理想，也为了使教育活动更符合客观的教育规律，人们对教育现象进行观察、思想和分析，并开展交流、讨论和辩驳等，从而形成了具有普遍性、系统性和深刻性的教育思想。从广义上来说，人们对教育现象的各种各样的认识，无论是零散的、个别的、肤浅的，还是系统的、普遍的、深刻的，都属于教育思想的范畴。从狭义上说，教育思想主要是指经过人们理论加工而形成的，具有思维深刻性、抽象概括性、逻辑系统性和现实普遍性的教育认识。

（一）关于教育思想的一般理解

1.教育思想在其形成的现实基础上，具有与人们的教育活动相联系的现实性和实践性特征

通常，人们认为教育思想具有抽象概括性、深奥莫测性，是远离教育的实践、生活和现实的东西。其实，教育思想与人们的教育实践和生活存在着根本性的联系，它产生于教育实践活动，是为适应教育实践的需要而出现的，教育实践构成教育思想的现实基础。概括起来说：（1）教育实践是教育思想的来源，当教育实践没有产生对某种教育思想的需要时，这种教育思想就不可能在社会上流行和发展；（2）教育实践是教育思想的对象，教育思想是对教育实践过程的反思，是对教育实践的活动规律的某种揭示和说明；（3）教育实践是教育思想的动力，历史上教育思想的兴衰更替和变革发展，都是教育实践促动的结果；（4）教育实践是教育思想的真理性标准，某种教育思想是否具有真理性，在根本上取决于

教育实践的检验;(5)教育实践是教育思想的目的,教育思想正是为了满足教育实践的需要而产生的,教育实践规定了教育思想的方向。

2. 教育思想在其存在的观念形态上,具有超越日常经验的抽象概括性和理论普遍性的特征

毫无疑问,教育思想在广义上也包括人们在教育实践中获得的各种教育经验、体会、感想、观念等,但是在狭义上仅仅是指经过理论加工而具有抽象概括性和社会普遍性的教育认识。我们在本书中所分析和概括的就是狭义上的教育思想。教育经验是现实的、鲜活的,同时也是宝贵的;但是它往往具有个别性、零散性和表面性,很难概括教育过程的普遍规律和一般本质。教育工作者从事教育实践,固然需要教育经验,但是更需要教育思想或教育理论的指导。教育思想以它的抽象概括性、逻辑系统性和现实普遍性,比教育经验更能够阐明教育过程的一般原理,揭示教育事务的普遍规律。教育工作者需要教育理论的指导,需要有深刻的教育思想、明确的教育信念、丰富的教育见识,这些正是教育思想的理论价值所在,也是教育思想的实践意义所在。

3. 教育思想在其存在的社会空间上,具有与社会经济政治文化的条件及背景相联系的社会性和时代性

人们的教育实践及教育认识都是在一定的经济政治文化思想条件下展开的,所以教育思想内在地体现着社会发展的现状及要求,具有社会性特征。另外,人们的教育实践及教育认识也是在一定历史时代的条件及背景下进行的,所以教育思想既与人们所处的历史时代相联系,又反映这个时代的状况及要求,具有时代性特征。我们在本书中学习和研究的教育思想,不仅与我国社会主义改革开放和现代化建设相联系,反映着我国教育事业改革及发展的要求,而且与世界当代经济政治科技文化的发展相联系,反映着世界当代教育变革的现状及其思想动向,具有我们今天的社会性和时代性特征。

4. 教育思想在其存在的历史向度上,具有面向未来教育发展及其实践的前瞻性和预见性

教育思想来源于教育实践,又服务于教育实践,而教育是面向未来培养人才的社会实践,所以教育思想具有前瞻性和预见性。特别是在当代,人类历史正在加速进步和发展,教育事业的发展更具有超前性和未来性,而发挥指导作用的教育思想的前瞻性和预见性日益明显。当然,教育思想还具有历史的继承性,它总要总结以往教育实践的历史经验,承继以往教育思想的精神成果,但是,教育思想在根本目的上是要服务和指导当前及未来的教育实践的。所以,教育思想在历史向度上具有更突出的前瞻性和预见性的特征。

(二)关于现代教育思想的概念

我们所称的现代教育思想,确切地说,是指以我国进入新时期以来的改革开放和社会

主义现代化建设为社会背景，以近代以来特别是20世纪中叶以来世界现代化的历史进程及人类的教育理论与实践为时代背景，研究我国当前教育改革的现实问题，以阐明我国教育现代化进程的重要规律的教育思想。当然，学术界对"什么是现代教育"和"什么是现代教育思想"，有着各种各样的理解和看法。本书着眼于我国教育现代化和教育改革实践的现代需要，并将从中概括出来的教育思想称之为"现代教育思想"。另外，现代教育思想有着丰富的内容，我们只是就其中的一些内容进行了分析。目的在于使大家了解对我国教育改革实践比较有影响的思想及观点，从而使大家提高教育理论素养，树立现代教育观念。从这个意义上说，本书所论述的只是现代教育思想的若干专题。

1. 现代教育思想是以我国社会主义教育现代化为研究对象的教育思想

任何教育思想都有它特定的研究对象，或者说特定的教育问题。本书所说的现代教育思想是以我国社会主义教育现代化中的教育改革和发展问题为对象，是关于我国社会主义教育改革和发展的教育思想。本书所分析的科教兴国思想、素质教育思想、主体教育思想、科学教育思想、人文教育思想、创新教育思想、实践教育思想、终身教育思想、全民教育思想等，都是从我国当前教育改革和发展的实践中提炼和概括出来的，着眼于探索和回答我国社会主义教育现代化的现实问题的。教育现代化是我国当前教育改革和发展的目标和主题，我们的一切教育实践活动都是在这个总的目标和主题下展开的，所以说我们的教育实践是现代教育实践，我们探讨的教育问题是现代教育问题，我们概括的教育思想是现代教育思想。邓小平明确指出，"教育要面向现代化"。这说明我国正处于迈向教育现代化的历史进程中，我们的目标是实现社会主义的教育现代化，从人类历史发展的角度看，我们处于现代教育发展的历史阶段。根据这一点，我们可以把以我国社会主义教育现代化为研究对象的教育思想称作现代教育思想。

2. 现代教育思想是以我国新时期以来社会主义改革开放和现代化建设为社会基础的

本书所分析的现代教育思想，不仅以我国社会主义教育现代化为研究对象，而且以我国新时期以来社会主义改革开放和现代化建设为社会背景。我们知道，社会主义教育改革实践是和我国整个改革开放事业联系在一起的，社会主义教育现代化是我国社会主义现代化事业的有机组成部分。所以，我们所说的现代教育思想，是以我国的改革开放和现代化建设为社会基础的；我们所分析的教育思想及观念，是以我国社会主义经济政治科技文化的发展为背景的。教育是一项社会事业，是为社会的进步和发展服务的，社会经济政治文化科技不仅为教育发展提供了客观条件，而且决定着教育发展的现实需求。我国教育事业的改革和发展以及教育现代化的目标，从根本上说反映着我国新时期社会主义改革开放和现代化建设的要求，正是改革开放和现代化建设对人才和知识的巨大需求，推动了教育事业的改革和发展。从这个意义上说，大家所要学习的现代教育思想，实际上就是我国改革开放和现代化建设所要求的教育思想。

  3.现代教育思想是以近代以来特别是20世纪中叶以来世界现代化进程及教育理论和实践的发展为时代背景的

  虽然说本书概括的教育思想是立足于中国社会现实和实际的,但是又与近代以来特别是20世纪中叶以来世界现代化进程及教育理论和实践的发展是相联系的。中国的发展离不开世界,中国的现代化是世界现代化的一部分。邓小平说,教育要"面向世界"。这告诉我们,我国当前的教育改革和发展不仅要以世界现代教育的历史进程为参照系,而且要与世界各国加强教育交往和联系,学习和借鉴世界先进的教育经验和成果。从历史上看,随着现代工业生产、市场经济和科学技术的发展,世界各国的教育交往和联系日益增多,关起门来发展教育事业越发不现实。事实上,我国当前的教育改革与发展和世界当代教育的改革实践及思潮演变有着密切的联系。我们需要研究世界当代教育发展的普遍规律,需要把握世界教育发展的普遍趋势。例如,我国实施的科教兴国战略就是在总结世界各国现代化实践经验的过程中提出来的,它反映了近代以来人类现代化进程的普遍规律。又如,本书所要分析的科学教育思想和人文教育思想,不仅体现着我国当前教育改革实践的要求,是近代以来世界教育发展进程中的重要观念和思潮。现代人的全面发展,不仅需要接受现代科学教育,而且应当接受现代人文教育,两者不能偏废。现代教育的历史经验表明,无论忽视科学教育还是偏废人文教育,都是十分有害的。总之,可以说,本书所分析的教育思想是以世界现代化历史特别是当代的进程为背景的,是与人类现代教育的理论和实践联系在一起的,也可以说是人类现代教育思想的一个组成部分。

二、现代教育思想的结构和功能

  学习现代教育思想,需要了解它的结构和功能。教育思想是一个系统,系统的内部有着多样的结构。教育思想在现实中发挥着重要的作用,即教育思想具有一定的功能。研究教育思想的结构和功能,能帮助我们深化对教育思想的认识和理解,使我们弄清楚教育思想的不同形式和类型,以及它们各自发挥着什么样的作用,从而更好地建构我们的教育思想,指导我们的教育实践。

(一)现代教育思想的结构

  对于教育思想的结构,不同的人有不同的理解,也会做出不同的概括。在这里,我们根据我国教育思想与实践的现实关系状况,将教育思想划分成理论型的教育思想、政策型的教育思想和实践型的教育思想三个部分。这三个部分既相互区别又相互联系,形成我国教育思想的一种结构。当然,这种结构分析只具有相对的意义,是本书的一种概括,现代教育思想的结构还可以从其他视角进行分析。

1. 关于理论型的教育思想

理论型的教育思想，是指由教育理论工作者研究的教育思想，是一种以抽象的理论形式存在的教育思想。在当代，教育思想的形成和发展，离不开教育理论工作者对教育问题的科学研究，离不开他们对教育经验的总结和概括。在我国，活跃在高校和各种教育研究机构的教育理论工作者，是一支专门从事教育理论研究的队伍，他们虽然不能长期从事教育教学第一线的工作，但是对我国教育思想的研究和教育科学的发展起着重要的作用。教育思想源于教育实践及教育经验，但是又必须高于教育实践及教育经验。教育经验经过理论上的抽象和概括，虽然少了一些直接感受性和现实鲜活性，但是却将教育经验上升到理论的高度，获得了一种普遍的真理价值和特殊的实践意义。理论型的教育思想有着一张严肃的"面孔"，学起来感到很晦涩、很费解，不容易领会和掌握，但是它却以理论的抽象概括性，揭示着教育过程的普遍规律和教育实践的根本原理。我们今天的教育实践不同于古人的教育实践，它越来越需要现代教育思想的指导，越来越需要教育工作者具有专门的教育理论意识和素养，越来越需要在教育理论指导下的自觉教育实践。理论型教学思想的形成既是现代教育发展的一种客观趋势，也是我国当前教育改革和发展及教育现代化的迫切需要。

2. 关于政策型的教育思想

所谓政策型的教育思想，是指体现于教育的法律、法规和政策中的教育思想，是国家及其政府在管理和发展教育事业的过程中，以教育法律、法规和政策等表达的教育思想。我国以法律的形式颁布实施的教育方针，从总体上规定了我国教育事业发展的根本指导思想，培养人才的一般规格，以及实现教育目的的基本途径。毫无疑问，这一教育方针的表述体现着党和政府的教育主张，代表着广大人民群众的利益和要求，是对我国现阶段教育事业的性质、地位、作用、任务，人才培养的质量、规格、标准，以及人才培养的基本途径的科学分析和认识。广大教育工作者需要认真学习这一教育方针，领会它的教育思想及主张，把握它的实践规范及要求。政策型教育思想是一个国家或民族教育思想体系的重要组成部分，在人类教育思想和实践的历史发展中占有重要的地位。

3. 关于实践型的教育思想

所谓实践型教育思想，是指由教育理论工作者或实际工作者面向教育实践进行理论思考而形成的以解决现实教育实践问题的教育思想。这类教育思想区别于理论型教育思想。如果说理论型教育思想着重探索和回答"教育是什么"的问题，那么实践型教育思想则旨在思考和解决"如何教育"的问题。这类教育思想也区别于政策型教育思想。虽说政策型教育思想和实践型教育思想都面向教育实践，但是政策型教育思想是关于国家教育实践的教育思想，而实践型教育思想是关于教育者实践的教育思想。实践型教育思想不同于教育经验。教育经验是人们在教育实践中自发形成的零散的教育体验、体会及认识，而实践型教育思想是人们对教育实践进行自觉思考而获得的系统的理论认识。实践型教育思想是整个教育思想系统的有机组成部分，是教育思想发挥指导和服务教育实践的功能与作用的基本形式和环节。教育思想是为教育实践服务的，是用来指导教育实践的。不过，如果教育思想仅仅回答"什么是教育"，从而告诉人们"什么是教育的本质和规律"，那还是远远不够的。教育思想应当帮助人们解决如何开展教育活动的技术、技能和方法问题，从而实现教育的合目的性与合规律性的统一，提高教育的质量和效益。实践型教育思想以它对教育实践问题的研究，解决教育活动的技术、技能和方法问题，从而实现教育思想指导和服务于教育实践的功能。实践型教育思想是教育思想的重要类型，是不可缺少的组成部分。

这三类教育思想各有各的理论价值和实践意义，共同促进了现代教育的科学化和专业化发展。长期以来，人们比较忽视实践型教育思想的研究与开发，认为它的理论层次低、科学性不强、缺少普遍意义，事实上它却是促进教育实践科学化的重要因素和力量。没有对现实教育实践问题的关注和思考，何谈现代教育技术、技能和方法，所谓促进现代教育的科学化发展云云也只能是纸上谈兵。当前，为了促进我国教育改革和发展，我们必须面向教育教学第一线，大力研究和开发实践型教育思想，以此武装广大教育工作者，使每一位教育工作者都成为拥有教育思想和教育智慧的实践者。

（二）现代教育思想的功能

教育思想的产生和发展并非凭空的和偶然的，它是为适应人们的教育需要而出现的。我们把教育思想为适应人们的教育需要而对教育实践和教育事业的发展所发挥的作用称作教育思想的功能。具体地说，教育思想具有认识功能、预见功能、导向功能、调控功能、评价功能、反思功能；概括来说，就是教育思想对教育实践的理论指导功能。

1. 关于教育思想的认识功能

教育思想最基本的功能是对教育事务的认识功能。通常，我们说教育认识产生于教育实践，教育实践是教育认识的基础。但是从另外的角度说，教育实践也需要教育认识的指导，教育认识是教育实践的向导。教育思想之所以具有指导教育实践的作用，是因为它能够帮助人们深刻地认识教育事务，把握教育事务的本质和规律。人们一旦掌握了教育的本质和规律，就可以改变教育实践中的某种被动状态，获得教育实践的自由。教育思想的指导功能就体现在指导人们认识教育本质和规律的过程中。美国教育家杜威曾说过："为什么教师要研究心理学、教育史、各科教学法一类的科目呢？有两个理由：第一，有了这类知识，他能够观察和解释儿童心智的反应——否则便易于忽略。第二，懂得了别人用过的有效的方法,他能够给予儿童以正当的指导。"应当说,教育思想旨在促进我们对教育事务的观察、思考、理解、判断和解释,从而超越教育经验的限制,进入对教育事务更深层次的认识。当然,这里需要指出,他人的教育思想并不能现成地构成人们的教育智慧,教育智慧是不能奉送的。教育思想的认识功能,只是在于启发人们的观察和思考,提高人们的认识能力,形成人们自己的教育思想和观点,从而使人们成为拥有教育智慧的人。在历史上,教育家们的教育思想是各种各样的,这些教育思想之间也常常是相互冲突的。如果我们以为能够从前人那里获得现成的教育真理,那就势必陷入各种教育观念的矛盾之中。我们学习前人的教育思想,只是接受教育思想的启迪,不断充实自己的教育思想,提高认识水平,切勿照抄照搬。这才是教育思想的认识功能的本意所在。

2. 关于教育思想的预见功能

所谓教育思想的预见功能,是说教育思想能够超越现实、前瞻未来,告诉人们现实教育的未来发展前景和趋势,从而帮助人们以战略思维和眼光指导当前的教育实践。教育思想之所以具有预见功能,是因为教育思想能够认识和把握教育过程的本质和规律,能够揭示教育发展和变化的未来趋势。教育现象和其他社会现象一样,是有规律的演变过程,现实的教育发展既存在着与整个社会发展的系统联系,又存在着与它的过去及未来相互依存的历史联系。由于这一点,那些把握了教育规律的教育思想就可以预见未来,显示其预见功能。《学会生存——教育世界的今天和明天》曾写道:"未来的学校必须把教育的对象变成自己教育自己的主体,受教育的人必须成为教育他自己的人;别人的教育必须成为这个人自己的教育。这种个人同他自己的关系的根本转变,是今后几十年内科学和技术革命中所面临的最困难的一个问题。"30年过去了,历史证明这一论断是正确的。尊重学生的主体地位,重视学生的自我教育,正在成为中外教育人士的共识和实践信条。随着信息革命的蓬勃发展和知识经济时代的到来,以及网络教育的发展,学生自我教育呈现出不可阻挡的发展趋势。在知识经济和终身教育时代,一个完全依靠教师获取知识的人是难以生存的,学会自我教育是每个人的立身之本。这说明,教育思想可以预见未来,而我们学习和研究教育思想的一个重要目的,就是开阔视野,前瞻未来,以超前的思想意识指导今天的教育实践。

3. 关于教育思想的导向功能

无论是一个国家或民族教育事业的发展,还是一个学校或班级的教育活动,都离不开一定的教育目的和培养目标,这种教育目的和培养目标对于整个教育事业的发展和教育活动的开展都起着根本的导向作用。教育目的和培养目标是教育思想的重要内容和形式,教育思想通过论证教育目的和培养目标而指导人们的教育实践,从而发挥着导向功能。教育学把这种教育思想称为教育价值论和教育目的论。古往今来,人类的教育实践始终面临着

"培养什么样的人""为什么培养这样的人"和"怎样培养这样的人"等基本问题,这些问题都需要进行价值分析和理论思考,于是就形成了关于教育目的和培养目标的教育思想。在历史上,每个教育家都有他自成一体的特色鲜明的教育思想,而在他的教育思想体系中又都有关于教育目的和培养目标的思考和论述。也正是教育家对于"培养什么样的人"等问题的深邃思考和精辟分析,启发并引导人们从自发的教育实践走向自觉的教育实践。当前,党和政府做出全面推进素质教育的决定,这实际上是基于新的历史条件做出的有关教育目的和培养目标的新的思考和规定。其中,所强调的培养学生的创新精神和实践能力,就是对我国未来人才培养提出的新的要求和规定。毫无疑问,素质教育思想将发挥导向功能,指引我国未来教育事业的改革和发展,指导学校教育、家庭教育和社会教育等各种教育活动的开展。总之,教育思想内在地包含着关于教育目的和培养目标的思考,而由于这一点,教育思想对于人们的教育实践具有导向的功能。

4. 关于教育思想的调控功能

通常我们说教育是人们有目的、有计划和有组织地培养人才的实践活动,但是这并非说教育工作者的所有活动和行为都是自觉的和理性的。这就是说,在现实的教育实践过程中,教育工作者由于主观或客观的原因,也常会做出偏离教育目的和培养目标的事情来。就一所学校乃至一个国家的教育事业来说,由于现实的或历史的原因,人们也会制定出错误的政策,做出违背教育规律的事情来。那么,人们依靠什么来纠正自己的教育失误和调控自己的教育行为?这就是教育思想。教育思想具有调控教育活动及行为的功能。因为教育思想可以超越现实,超越经验,能够以客观和理性的态度去认识和把握教育的本质和规律。当然,这并不是说所有的教育思想都毫无偏见地认识和把握了教育的本质和规律。只要人们以理性的精神、科学的态度和民主的方法,去倾听不同的教育思想、主张、意见,并且及时地调控自己的教育活动及行为,就可以少犯错误、少走弯路、少受挫折,从而科学合理地开展教育活动,保证教育事业的健康发展。若是如此,教育思想就发挥和显示了它的调控功能。当前,我国教育改革和发展正面临着新的历史条件和机遇,也面临着新的问题和挑战。我们应当努力学习和研究教育思想,充分发挥教育思想的调控功能,从而科学地进行教育决策,凝聚各种教育力量,促进教育事业沿着正确的方向和目标发展。如果我们每个教育工作者都能够坚持学习和研究教育思想,就可以不断地调控和规范我们的教育行为和活动,从而提高教育实践的质量和效益。

5. 关于教育思想的评价功能

对于教育活动过程的结果,人们需要进行质量的、效率的和效益的评价。近代以来,随着教育规模的扩大和投入的增加,教育的经济和社会效益呈多样化和显著化,以及教育管理的科学化和规范化,教育评价越来越受到人们的重视。通常来说,人们以教育方针和教育目的作为评价人才培养的质量标准，而教育的经济和社会效益还要接受经济和社会实际需要的检验。但是，我们也要看到，教育思想也具有教育评价的功能。教育思想之所以具有评价的功能，是因为教育思想能够把握教育与人的发展及社会发展的关系，揭示教育与人及社会之间相互作用的规律，从而为评价教育活动的结果提供理论的依据和尺度。事实上，人们在教育实践的过程中，经常以一种教育价值观、教育功能观、教育质量观、教育效益观等作为依据和尺度，对教育过程的结果进行评价，以此指导或引导我们的教育行为过程。在当前的教育改革和实践中，我们不仅需要接受事后的和客观的社会评价，而且应当以先进而科学的教育思想经常评价和指导我们的教育实践，从而促进教育过程的科学化、规范化，以提高教育的质量、效率和效益。现在，人们学习和研究教育思想的一个重要任务，就是要提高自己的教育理论素养，用科学的教育思想包括教育价值观、质量观、人才观等等，自觉地分析、评价和指导我们的教育行为及活动。用科学的教育思想分析和评价自己的教育实践活动，是提高每一个教育工作者的教育教学水平、管理的水平及质量的有效方法和重要途径。

6. 关于教育思想的反思功能

对于广大教育工作者及其教育实践活动来说，教育思想的一个重要作用，就是促进人们进行自我观照、自我分析、自我评价、自我总结等，使教育者客观而理性地分析和评价自己的教育行为及结果，从而增强自我教育意识，学会自我调整教育目标、改进教育策略、完善教育技能等，最终由一个自发的教育者变成一个自觉而成熟的教育者。大量事实表明，一个人由教育外行变成教育行家，都需要一种自我反思的意识、能力和素养，这是教师成长和发展的内在根据和必要条件。我国古代思想家老子曾说过，"知人者智，自知者明。胜人者有力，自胜者强"。这告诉我们，人贵有自知之明，真正的教育智慧是自省、自知、自明、自强，在自我反思中学会教育和教学。不过，一个人能够进行自我反思是有条件的，条件之一就是学会教育思维，形成教育思想，拥有教育素养，人们正是在学习和研究教育思想的过程中，深化了教育思维，开阔了教育视野，增强了自我教育反思的意识和能力。应当说，增加工作经验也能够促进人们的教育反思，但是教育经验的狭隘性和笼统性往往限制了这种反思能力和素质的提高与发展。教育思想比起教育经验有着视野开阔、认识深刻等优越性，所以更有利于人们增强自己的教育反思能力和素质。为什么我们说教育工作者有必要学习和研究教育思想，好处在于它能够增强人们教育反思的意识和能力，提高素质，从根本上促进教育工作者的成长。在学习《现代教育思想》这门课程的过程中，希望大家重视发展自己教育反思的能力和素质，充分发挥教育思想的反思功能，从而使自己有比较大的收获和提高。

三、现代教育思想的建设和创新

在我国教育现代化的进程中，学校教育教学和整个教育事业的改革和发展，都面临着教育思想的建设和创新问题。随着我国改革开放和现代化建设事业的深入发展，以及世界科技经济信息化、网络化、全球化浪潮的涌动，我国教育事业及教育实践将持续面临新的形势、新的挑战、新的环境、新的条件。在这样的时代背景下，教育工作墨守成规和迷信经验，无论如何是不行的，必须加强教育思想的建设和创新，必须用新的教育思想武装和壮大自己。这是使我们成为一个新型的教育工作者的重要保证。

（一）关于教育的思想建设

一般来说，一个国家、一个地区或一所学校，在教育建设上应当包括教育设施建设、教育制度建设和教育思想建设等三个基本方面。实现教育现代化，必须致力于教育设施现代化、教育制度现代化和教育思想现代化，其中教育思想现代化是教育现代化的观念条件、心理基础和精神支柱。有人将教育思想建设比作计算机的"软件"部分，整个教育建设没有"硬件"建设不行，没有"软件"建设同样不行。因此，在当前教育改革和教育现代化的过程中，我们应当高度重视并大力加强教育思想建设，以教育思想建设引导和促进教育设施建设和教育制度建设。

教育思想是人才培养过程中最重要的因素和力量。说到育人的因素，人们想到的往往是教师、课程、教材、方法、设施、手段、制度、环境、管理等等，其实教育思想才是人才培养最重要的因素和力量。教育过程在根本上是教育者与受教育者之间的心理交往、心灵对话、情感沟通、视界融合、精神共体、思想同构的过程。在这个过程中，教育者正是以深刻而厚重的教育思想、明确而坚定的教育信念、丰富而多彩的教育情感、民主而平实的教育作风等，搭起与受教育者交往、交流、沟通、对话、理解、融合的教育"平台"。现在人们都知道一个朴素的教育真理，教师应当既做"经师"又做"人师"，从而将"教书"和"育人"统一起来。一个人只拥有向学生传授的文化知识和某些教育教学技能，还不算是一个理想的优秀的教师；理想的优秀的教师必须拥有自己的教育思想，能够以此统率文化知识的传授、驾驭教育教学技能和方法，实际上就是能够用教育思想感召人、启发人、激励人、引导人、升华人。缺乏教育思想，教育活动就成为没有灵魂、没有内涵、没有精神、没有人格、没有价值的过程，也就很难说是真正的人的教育。广大教师应当重视自己教育思想的建设和教育理念的升华，使自己成为教育家式的教育工作者。

教育思想也是学校教育管理的最重要因素和力量。说到学校管理，许多人认为，这是校长用上级领导所赋予的行政权力和权威，对学校教育事务和资源进行组织、领导和管理的过程，如制订计划、进行决策、组织活动、检查工作、评价绩效等等。并且认为，校长领导和管理学校及教育，最重要的资源和力量是国家的教育方针政策和上级所赋予的行政权力和权威，有了这一切，就可以组织、领导和管理好一所学校。然而，著名教育家苏霍姆林斯基并不这样看，他的一个重要思想是：所谓"校长"绝不是习惯上所认为的"行政干部"，而应是教育思想家、教学论研究家，是全校教师的教育科学和教育实践的中介人。校长对学校的领导首先是教育思想的领导，而后才是行政的领导。校长是依靠对学校教育的规律性认识来领导学校的，是依靠形成教师集体的共同"教育信念"来领导学校工作的。苏霍姆林斯基的这一观点是教育管理上的真知灼见和至理名言，揭示了教育思想在教育管理上的根本地位和独特价值。大量的事例说明，缺乏教育思想的教育权力只能给学校带来混乱或专制。不能将教育方针转化为自己教育思想的校长，只能办一所平庸的学校，而不可能办出高质量、有特色的优秀学校。学校的建设，固然需要增加教育投入，改善办学条件，建立和健全学校各项规章制度，但是必须加强学校的教育思想建设，必须构建学校自己有特色的教育思想和理念。这是学校教育的灵魂所在，也是办好学校的根本所在。

教育思想还是一个民族或国家教育事业发展的重要因素和力量。在国家教育事业的建设中，不仅要重视教育设施的建设和教育制度的建设，还要重视教育思想的建设。从历史上看，无论世界文明古国还是近代民族国家，在发展教育事业的过程中，都十分重视教育思想的建设，在形成民族教育传统及特色的过程中，不仅发展了具有民族特点的教育制度、设施、内容和形式，而且以具有鲜明的民族个性的教育思想著称于世。在一个民族或国家的教育体系及其个性中，处于核心地位的和具有灵魂意义的就是教育思想。当我们说到欧美教育传统的时候，就必然提及古希腊和古罗马时代的一些著名教育家及其教育思想，如苏格拉底、柏拉图、亚里士多德、昆体良等。当我们说到中华民族教育传统的时候，就必须提及孔子、墨子、老子、孟子、荀子，以及他们的教育思想。历史上许许多多这样的大教育家，正是以他们博大精深的教育思想，播下了民族教育传统的种子，奠立了民族教育大厦的基石。在致力于教育现代化的今天，虽然各国的教育建设和发展，由于科技经济国际化和全球化的影响而表现出越来越多的共同点和共同性，但是它们正是通过具有民族传统和个性的教育思想建设，而继承并发展了自己民族的教育事业。教育思想既是民族教育传统之魂，又是国家教育事业之根。大力加强教育思想建设，是一个民族或国家教育事业发展的基础和灵魂。只有搞好教育思想建设，才能为教育设施建设和教育制度建设提供思想蓝图和价值导向。

教育思想建设是一项复杂的系统工程，它包括许多方面或领域，与教育其他建设紧密联系在一起，需要做大量工作。教育思想建设对于教育者个人、学校系统和国家教育事业来说，有着不同的目标、任务、领域、内容、形式和方法，但是大体上都包括经验总结、理论创新、观念更新等过程和环节。

教育思想建设，需要对现实的和以往的教育经验进行总结，这是一个不可缺少的环节。无论是教育者个人、学校系统还是整个国家教育事业，在进行教育思想建设的过程中，都离不开总结现实的和以往的教育经验。教育经验既是对教育现实的直接反映和认识，又是对以往教育实践的历史延续和积淀。它是教育思想建设的历史前提和现实基础。教育经验具有直接现实性，它与广大教育工作者的教育实践直接相联系；教育经验又具有历史继承性，它是过去教育传统在今天教育实践中的继续和发展。它的现实性保证了教育思想建设与教育现实的联系，它的历史性又保证了教育思想建设与教育传统的联系。在我们进行教育思想建设的过程中，千万不能贬低和忽视教育经验，要善于从教育经验中了解现实和贴近现实，从教育经验中总结历史和继承传统，让教育思想建设扎根于现实实践和历史传统，有一个坚实的基础。总结教育经验，是教育思想建设的前提和基础，是教育思想建设工作的重要内容之一。

教育思想建设离不开教育理论的创新，没有教育理论的创新就谈不上教育思想建设。所谓教育理论创新，就是面向未来研究教育的新形势、新趋势、新情况、新问题，提出教育的新理论、新学说、新主张、新观念。教育思想建设是一个面向未来、前瞻未来和把握未来，从而确立指导当前教育实践和教育事业改革和发展的教育理论、理念、观念体系的过程。教育思想建设需要总结教育经验，但是更需要进行教育理论创新。教育事业是面向未来的事业，教育实践是面向未来的实践，教育实践本质上需要具有未来性和创新性的教育理论来指导。在科技经济社会迅速变革和发展的今天，现代教育思想建设越来越需要面向未来进行教育理论创新和观念创新。教育理论创新可以给教育思想建设开阔视野、指明方向、深化基础、丰富内容、增添活力，使教育思想建设具有创新性、前瞻性、预见性、导向性等等，从而能够指引现实教育实践及整个教育事业成功地走向未来。在我国大力推进教育改革和教育现代化的今天，我们应当高举邓小平理论伟大旗帜，解放思想，实事求是，面向未来进行教育理论创新。只有坚持进行教育理论的创新，用现代教育思想指导教育实践，才能不断地深化教育改革，扎实地推进我国教育现代化的伟大事业。

教育思想建设还需要进行教育理论的普及和教育观念的更新。教育改革和发展不仅是人们教育实践及行为不断改变、改进、改善的过程，而且是人们教育理念及观念不断求新、创新、更新的过程。教育思想建设，无论是一个国家还是一所学校，都需要面向教育工作者个人进行教育理论的普及和教育观念的更新。一方面，要用科学的教育理论和先进的教育思想武装人们的头脑，让广大教育工作者学习和研究新的教育理论思想；另一方面，要推动广大教育工作者转变过时的教育思想和观念，形成适应时代和面向未来的新的教育观念和理念。教育思想建设，只有将科学的教育理论和先进的教育思想转变为广大教育工作者的教育观念和行动理念，才能树立起扎根于现实并指导教育实践的教育思想大厦，才能变成推动教育实践和教育事业发展的强大物质力量。校长和教师要在学习和研究现代教育理论和思想的过程中，不断地建构自己的教育思想，形成自己的教育理念、观念和信念。这既是校长和教师成为教育家式的教育工作者的要求，也是教育思想建设的根本目的。推动现代教育思想的普及，促进广大教育工作者的观念更新和创新，是教育思想建设的重要任务和目的。

（二）关于教育的思想创新

在科学技术突飞猛进，知识经济已见端倪，国力竞争日趋激烈的今天，我们必须实施素质教育，致力于发展创新教育，重点培养学生的创新精神和实践能力。在这种形势下，我们也必须致力于教育思想创新和教育观念更新，没有教育思想创新和教育观念更新，就不可能创造性地实施素质教育，建立创新教育体系，培养创造性的人才。前面已经提到，在教育者个人、学校和国家的教育思想建设中，教育思想创新都处于十分突出的位置，是教育思想建设的一个重要环节。今天，无论从教育思想建设还是从教育实践发展上来说，教育思想创新都应受到高度重视，得到加强，并应成为每一个教育理论工作者和教育实践工作者追求的目标。

教育思想创新是一个基于新的时代、新的背景、新的形势，以新的方法、新的视角、新的视野，研究教育改革和发展过程中的新情况、新事实、新问题，探索教育实践的新观念、新体制、新机制、新模式、新内容和新方法的过程。首先，教育思想创新是新的时代、新的背景、新的形势的客观要求。现代科技经济社会的发展和进步，使教育面临前所未有的时代背景和外部环境，教育事业的发展和人们的教育实践必须面对新的形势，把握新的时代，适应新的要求。人们只有通过教育理论创新才能迎接时代的挑战，更好地从事教育教学实践，促进教育事业的改革和发展。其次，教育思想创新是对教育事业发展和人们教育实践中的新情况、新事实、新问题的探索过程。随着科技经济社会的发展和进步，教育发展正在出现大量新的情况、新的事实、新的问题。如网络教育、虚拟大学、科教兴国、素质教育、主体教育、生态教育、校本课程、潜在课程等等，都是几十年前还不存在的新名词、新术语、新概念，当然也是教育改革和发展中的新情况、新事实、新问题。如果我们不研究这些教育新情况、新事实、新问题，不发展教育的新思想、新观点、新看法，怎么能够做一个现代教育工作者？再次，教育思想创新表现为一个以新的教育观和方法论即思想认识的新方法、新视角、新视野，研究教育改革和发展及教育实践中的矛盾和问题的过程。能否用新的思想方法、新的观察视角和新的理论视野探索和回答教育现实问题，是教育思想创新的关键所在。教育思想创新最主要的就是理论视野的创新、观察视角的创新和思想方法的创新。没有这些创新就不可能有教育实践的新思路、新办法、新措施。最后，教育思想创新应体现在探索教育改革和发展及教育实践的新思路、新办法、新措施上，着眼于解决教育改革和发展中的战略、策略、体制、机制、内容、方法等现实问题。教育思想创新是为教育实践服务的，目的是解决教育实践中的矛盾和问题，从而推动教育事业的改革和发展。所以，教育思想创新要面向实践、面向实际、面向教育第一线，探索和解决教育改革和发展中的各种现实问题，为教育改革和教育实践提供新思路、新方案、新办法、新措施。教育思想创新是一个复杂的过程，涉及理论和实践的方方面面，我们只有认识其内在规律才能搞好这项工作。

教育思想创新包括多方面的内容，可以说涉及教育的所有领域，这就是说各个教育领域都有思想创新问题。但是，按照本书对教育思想的类型划分，可以概括为理论型的教育思想创新、政策型的教育思想创新和实践型的教育思想创新。理论型的教育思想创新是教育基本理论层面的思想创新，涉及教育的本质论、价值论、方法论、认识论等等，涵盖教育哲学、教育经济学、教育社会学、教育人类学、教育政治学、教育法学等各学科领域。在教育基本理论层面上进行思想创新，有着重要的理论和实践意义。它通过对教育基本问题的理论创新，深化对教育基本问题的认识，从而为教育事业和教育实践提供新的理论基础。政策型的教育思想创新是宏观教育政策层面的思想创新，涉及政府在教育改革和发展上的方针政策和指导思想。制定和推行各项教育政策，不仅需要面对国家教育事业改革和发展的现状及其存在的矛盾和问题，而且需要以一定的教育思想作为理论依据。通过政策型的教育思想创新，可以促进教育决策及政策的理性化和科学化，使教育决策及政策适应迅速变化的形势，越来越符合教育发展的客观规律。改革开放以来，党和政府制定的一系列教育政策（如科教兴国战略等）就是政策型教育思想创新的结果，这是新时期我国教育事业迅速发展的重要原因。实践型的教育思想创新是针对教育教学实践的思想创新，涵盖学校教育、家庭教育和社会教育等领域，涉及学校运营和管理、班级教育教学，以及德育、智育、体育和美育等教育实践问题。教育教学实践，不仅有操作原则、规则、方法、技能等问题，而且有实践的思想、理念、观念、信念等问题。只有不断对教育教学实践进行思想创新，才能逐步优化教育教学的原则和规则，改进教育教学的方法和技能。实践型的教育思想创新对提高教育教学质量和水平，具有特别重要的意义。

对于教育的思想创新，我们要高度重视并认真研究和加以实践，但是不能把它神秘化、抽象化。不能以为，只有教育家或教育理论工作者才能进行教育思想创新，而广大中小学校长、教师及学生家长是不配搞教育思想创新的。其实，教育思想创新涵盖教育的所有领域，每一个教育领域及活动都需要思想创新，而每一个教育者都是教育思想的创新主体。我们处在科技经济社会迅速发展和急剧变革的时代，教育的环境在变，教育的过程在变，教育的对象在变，教育的要求也在变。无论教育理论工作者还是教育实际工作者都不可能墨守成规，只靠以往取得的理论、经验、方法、技能等，去从事新的形势和条件下的教育教学实践。知识经济时代赋予教育事业新的历史使命，我国社会主义改革开放和现代化建设赋予教育事业新的社会地位，党和人民群众赋予广大教育工作者新的教育职责。我们必须认真学习和研究现代教育思想，提高现代教育理论素养，致力于教育观念更新和教育思想创新；紧跟时代、把握形势、面向实际，以新思想、新观念和新理念研究教育教学实践问题，提出有创意、有特点、有实效的教育教学改革的办法和措施，从而推动我国教育事业向着现代化目标加速前进。

总之，我国教育事业的改革和发展要求我们加强教育思想建设和教育思想创新，要求广大教育工作者成为有思想、有智慧、会创新的教育者，要求学校在教育思想建设和创新中办出特色和个性。我们应该无愧于教育事业，无愧于改革时代，不断加强教育思想建设和教育思想创新，用科学的教育思想育人，用高尚的教育精神育人，为全面推进素质教育做出贡献。

第二节 高校数学教学初探

一、高校数学教学现状分析

（一）学生的学习状况方面存在的问题

第一，学生的数学基础存在显著差异，大部分基础较差。随着高校的连年扩招，普通高校招生也在扩大，大批量的招生导致入学的学生成绩差异增大，数学基础普遍一般，大部分较差。由于不少学生偏科严重，学生的数学基础参差不齐。

第二，学生在学习高校数学过程中缺乏学习兴趣、学习动机不明确。数学是一门抽象的学科，尽管数学在各个学科及生活中有广泛的应用，这导致很多学生缺乏学习兴趣。数学应用广泛，但在课堂教学中基本只是理论的讲解，缺少实际应用的研究，使学生感到似乎数学没什么用，不明确为什么要学习数学，意识不到学习数学的意义。

第三，大学的学习节奏不适应。中学阶段和大学的学习节奏差异很大，中学时，课时短，每节课堂内容也不是很多，一般半节课讲解知识半节课做题训练，所以大部分学生基本能掌握一节课的内容；而大学课堂，课时长，每节课满堂灌，节奏很快，学生需要一段时间适应。

第四，部分学生学习态度不够端正。普通高校的生源一般是高中学习成绩一般的学生，随着扩招，甚至在一些普通高校有一部分学生成绩很差，没有目标没有兴趣地为了父母来上大学的，这部分学生根本不爱学习，学习态度很消极。

（二）教师教学方面状况存在的问题

1. 教学内容多与教学时间紧张方面的矛盾问题

近几年来，随着教学改革的深入，大学的每门学科都有教学大纲要求，大部分专业的高校数学教学大纲要求内容较全面。另外，随着一些高校转型为应用技术型学校，理论教学"以应用为目的"，同时由于受到市场需求的影响，许多普通高校都在大刀阔斧地减少基础理论课课时，高校数学作为一门最重要的基础理论课也未能幸免，导致高校数学的教学时间大大压缩。这导致在教学过程中，一些重点、难点内容难以展开，课堂内容过多，影响了教学质量和效果。

2. 教师的教学手段、方法、模式有待改进

尽管一直在讨论教学改革，研究教学方法、教学手段，但在实际中教学方法等还是不理想。教学过程仍然是教师讲，学生听，学生总是跟在教师后面学，教师讲什么学生就学习什么，作业布置仍然是以巩固已学过的知识为主，使学生在学习过程中对教师产生很强的依赖性，严重缺乏学习的主动性和积极性。很多教师在研究教学方法等，希望提高教学质量，但实际中教师有些受束缚，只能理论研究，缺乏实践改革，这主要是由于教师要受到教学大纲的内容要求、学生学习考核等要求的束缚，使得教学手段、方法、模式很难改进。

3. 教师作业批改反馈需要提高

普通高校的很多数学课堂人数较多，虽然大部分教师能够认真批改作业，但还是存在一些原因使得作业反馈出现不够及时或讲解作业少等问题出现，从而也使学生缺乏做作业的积极性。

教师是课堂教学的主导，高校数学课堂教学的问题需要教师在各个方面改进解决，这一过程是漫长的，需要对教师减少束缚，需要教师严谨治学，需要教师不限于理论研究要，敢于放手实践探求适合普通高校学生发展的教学策略。

学生学习方面的问题与教师教学方面的问题之间存在很多的矛盾体，比如教师满堂灌地讲与学生基础差的矛盾，教师只做讲解理论与学生不知学习数学的意义的矛盾等等，这些矛盾又与学校的招生规模、学校的要求有关系，所以高校数学的课堂教学改革是一个大问题。

二、关于高校数学教学现状的几点思考

(一) 注重建立和谐师生关系

俗语道："良好的开始是成功的一半。"好的开始至关重要，高校数学也不例外。因为高校数学中的基本概念都是在课程的开头讲述的。如极限的概念，高校数学就是以极限概念为基础、极限理论为工具来研究函数的一门学科。再如函数的连续性、导数等概念。对于刚刚入校的学生来说，这些基本概念是高校数学入门的重要环节，也是学生从"初等数学"转向"高校数学"的起步阶段。但是，由于大学与中学在教学模式、授课方法、教学内容、教学方法等方面的差异比较大，大一学生在学习上会有很多的不适应。再加上高校中谈高数"色变"，导致很多学生还没接触高校数学就开始有所抵触、缺乏信心，有些学生甚至还会有恐惧感。在学生开始学习高校数学的时候，建立和谐的师生关系有助于学生克服厌学、恐学等影响教学效果的心理障碍，也有助于学生建立学习高校数学的信心。作为教师，要构建和谐的师生关系，提高教学质量，可以从以下两点入手：

1. **尊重学生，建立平等的师生关系**

教师和学生虽然在教学过程中分别是教育者和受教育者，但是学生作为一个独立的社会个体，在人格上与教师是平等的。新时期的教师已经不再是一味地高高在上，除了得到学生的尊重，教师也应该尊重学生。这就要求教师在教学过程中，一定要注意自己的言行，绝不能伤害学生的自尊，尤其是对于成绩不理想的学生，教师要有耐心，要给予其尊重。除此之外，在教学过程中教师也应平等对待学生。这就要求教师在教学活动中要改善传统的师生关系，树立民主平等的心态，将尊重信任与严格要求结合起来，建立起一种朋友式的友好与帮助关系。

2. **理解和热爱学生**

教育家陶行知先生曾说过："真的教育是心心相印的活动，唯独从心里发出来的，才能达到心的深处。"这就说明，教育是离不开感情的，离开感情，教育也就无从谈起。大学生的世界观和人生观虽然还不够成熟但已经逐步形成，独立意识与自觉性也已经达到较高水平，这个阶段尤其渴望得到老师的理解和关心。因此，教师要了解学生的需要，并给予适当的关心，这样，教师就会得到学生的信任。除了理解学生，教师还要热爱自己的学生，肯定学生的闪光点，有利于促进学生的进步。课堂是教师和学生沟通的主要渠道，教

师往往注重课堂上知识的传递，而忽略了感情的交流，教师深入浅出的讲解、耐心细致的答疑，都会使学生感到教师的关心和温暖。教师的目光和言语会使学生感受到教师的信任和期盼，以及学习的责任和成功的希望。这样可以减少学生对学习的心理障碍，增强学习的信心和克服困难的勇气，最终提高学习的积极性和主动性。

（二）注重启发式教学

"不愤不启，不悱不发。"教育家孔子这句话说明了启发的重要性，在教学中我们也要注重启发。现代教学的指导思想是"学生为主体，教师为主导"，要体现这个指导思想，关键是看学生是否有学习积极性，而学生的学习积极性与教师的主导作用有直接的关系。因此，注重启发式教学有助于提高学生的学习积极性，进而提高学生的学习能力。教学要以人为本，学生是主体，教学应该给予学生更多独立思考的内容和时间，真正做到以学为中心而非以教为中心。在这里，启发式教学是在讲授的基础上，鼓励学生自己参与学习，引导学生多思考、多怀疑、多提问，这与讲授法并不矛盾。

高校数学主要是基本理论的教学，基本理论包括基本概念、基本定理、公式和法则。而学生应该对这些基本理论的形成进行积极的思维活动，通过积极的思维活动，学生将新知识与已有的知识联系起来，并通过抽象、推理，建立起新的关系，学生头脑中的认知结构也得以重新建构。这是基本理论教学的关键所在。教师的主导作用就体现在加强启发性方面，在教师的启发下引导学生完成这一认知活动。在教师的启发下，组织学生思考、讨论，从已有知识出发逐步找到解决问题的方法。同时，新知识呈现在学生面前，学生有了主动参与的感觉，学生的思维能力也得到了相应的提高。

（三）注重情境教学法

高校数学是以讲授为主的课程，在课堂教学中，实际情境不会很丰富、生动，很难激发学生产生联想，学生往往是被动接受知识，容易产生思维的惰性。在课堂上，教师可以借助情境激发学生参与的热情，增强学生学习兴趣，使学生能够主动学习，为此，教师可以从学生比较熟悉的例子引入新知识。在这个过程中，学生参与到了知识的形成、发展过程中，其分析、抽象、概括能力得到了锻炼。学生既掌握了知识本身，也掌握了科学的思维方法，并且学生独立思考问题的意识和能力也得以养成。这样的引入和之后的讲解，体现了数学知识的发现、发展、完善的思维过程，展示了归纳现象、发现问题、提出概念、解决问题的全过程，这样的教学有助于培养学生的科研能力和创新能力，并且学生真正参与到了知识的形成过程中，有助于增加学生的学习兴趣。

另外，教师可以在相应的章节介绍一些数学史的知识，以此拓展学生对数学的了解。例如，在讲解极限理论时，介绍《庄子·天下篇》引施惠语"一尺之棰，日取其半，万世不竭"，可见两千多年前就有已经了无限的概念，并且发现了趋近于零而不等于零的量，这就是极限的概念。这种简单的介绍既能活泼课堂气氛，又能加深学生对知识的了解，并且使学生认识到了古代中国数学的成就，使学生得到了一次爱国主义的教育。高校数学中有很多复杂的变化过程，传统的板书往往无法很好地体现出来，此时可以考虑引入多媒体教学作为辅助教学手段。多媒体可以将复杂的变化过程直观、形象、动态地展现给学生，刺激学生感官，提高学生的兴趣和注意力。例如，在讲定积分概念时，常用"求曲边梯形面积"这一引例，板书无法体现区间无限划分这个抽象的极限思想，但多媒体就可以逐渐增加划分区间的个数，在动态画面的不断变化过程中，使学生体会到从有限到无限，小矩形面积越来越接近小曲边梯形面积的极限过程，进而让学生充分体会"分割、近似、求和、取极限"的微元法思想。

（四）注重知识的应用

在高校数学教学中，教学方法主要是侧重于介绍概念、定义，证明定理，计算推导。作为一门理论为主的课程，这在知识的传授上是没有问题的。但是，由于数学符号抽象、逻辑严密、理论高深，部分学生只好望而却步，常常会造成这样一种局面：学生知道数学很重要，也知道数学可以培养思维能力、严谨的态度和严密的推理，但是不知道数学到底能用在何处。学生对数学的实用性普遍缺乏认识，他们不理解数学的价值，学习缺乏目标和动力，"数学无用"的观念日积月累，根深蒂固，因此加强高校数学知识应用是很有必要的。要激发学生对高校数学的学习兴趣，关键是要激发他们认识数学的重要性和应用性，这就要求教师在课堂上首先要将基本概念、定义、定理、方法讲清、讲透，其次在教学过程中还要适当地引入与课堂知识相关的数学应用案例，随着高校数学教学改革的进行，培养学生应用数学的意识和能力已经成为数学教学的一个重要方面。

数学建模直接面向现实，接近生活，是运用数学解决实际问题的一种常用的思想方法，体现出了数学在解决实际问题中的重要作用。通过数学建模，学生看到了数学在各个学科领域的重要应用，也感受到了学习数学的意义，增强了数学在他们心目中的地位，这有助于激发他们学习数学的兴趣。在高校数学的教学中，渗透数学建模思想，引入一些生动的建模案例，能调动学生的主观能动性，通过对案例的分析，以提高学生的学习能力和数学应用能力，让学生意识到"数学是实际生活的需要"，提高学习数学的兴趣。例如，在学习微分方程时，引入人口增长模型、溶液淡化模型，这两个例子体现了其他学科对数学的依赖。又如，在学习零点存在定理时，可以向学生提出这样的问题：在不平的地面上能否将一把四脚等长的矩形椅子放平？这是一个日常生活中的实例，学生会感到熟悉，与自己的生活息息相关。如何将这个问题与今天所学的数学知识联系起来？首先可以简单做个实验，发现椅子是可以放平的。可以放平是偶然现象还是必然现象？有没有理论来支撑？如何用数学的知识来解释？通过这样的疑问，可以调动学生的兴趣和求知欲，之后再给学生讲解。这个实例，既调动了学生的兴趣，又使学生意识到了数学的有用之处，也有助于学生对于知识的认识和理解。

除此之外，还可以适当地增加高校数学教材习题中应用题的比重，增加联系实际特别是联系专业实际和当前经济发展实际的应用题。在讲课过程中，教师还可以多列举一些数学知识在各行各业中具体应用的实例，这就要求教师拓宽自己的知识面。

第三节　高校数学与现代教育思想的统一

一、依托现代信息技术，构建现代化的高校数学教学内容体系

要发展现代化的大学数学教育，就需要有适应现代化发展的数学课程内容体系。长期以来，我国高校数学教学内容体系的改革难以跟上高校教育现代化发展的步伐，这集中表现在高校数学教材的建设上。虽然国内现行的高校数学教材中不乏优秀之作，但大部分教材过分求全求严和过分强调数学知识的系统性、完备性、严密性与技巧性，忽视了数学思想的剖析，缺少以现实世界问题为背景的实例，同时也很少将现代信息技术发展带来的成果融入教学内容，没能很好地体现现代教育的教学理念。这与国外优秀的微积分教材形成了鲜明的对比。这两部教材紧跟信息技术的进步，很好地将现代技术融入了教材的编写中，形成了纸质教材、优质配套电子教材与网络资源等立体化的教材体系。

为改变这种现状，我们依据学校人才培养的任务，一般本科教育的特点和人的发展、社会发展的实际需求，本着厚实基础、淡化技巧、突出数学思想，加强数学实验与数学建模等应用能力的培养，充分体现数学素质在人才培养中作用的思想，组织经验丰富的老师编写了全校各专业适用的《高校数学》教材。教材内容上，首先，注意挖掘有应用背景的问题，将数学建模及数学实验的思想与方法融入教材，引导学员如何对问题建模、求解。

第二，突出数学思想，通过多角度描述来加深对内容的理解；强调严格的数学训练，以此培养学员不惧困难险阻的意志品质，学会在错综复杂的形势下保持清醒的头脑，果敢地处理各种问题。再次，努力贯彻现代教育思想，改革、更新和优化微积分教学内容，将数学软件的学习和使用穿插在教学内容中，始终将提高学生的数学素质和应用能力摆在首位。又次，注意经典内容向现代数学的扩展和各专业课程内容表述之间的关系，加强各课程之间的横向联系，努力实现课程体系和内容的优化整合。最后，将国内外优秀教材的经验和笔者所在学校多年来在高校数学教学改革、研究和实践中积累的成果融入教材内容，力求内容切实服务于我们的人才培养需要。同时根据不同专业需求以及拔尖人才培养的需求，高校数学课程实施分层教学，高校数学高级班、高校数学普通班、"1+1"双语教学班、"数理打通"数学分析教学班以及文科高校数学教学班，并制定和完善了不同的教学大纲和选择了不同深度和宽度的内容模块。

二、探索高校数学实验化教学模式，培养学生的探索精神与创新意识

随着科学技术的发展，人们逐渐认识到：数学不仅是一种"工具"或"方法"，同时也是一种思维模式，即数学思维；不仅是一种知识，更是一种素质，即数学素质。我们要实现大力培养应用型人才、复合型人才和拔尖创新人才的目标，就需要加强对学生数学思维的训练和数学素质的提高，这就要求我们改变传统的、妨碍培养学生创新能力的教学观念与教学模式，去尝试一种给学生独立思考、有足够思维空间的教学模式。高校数学教学过程的实验化就是我们在实施教学改革过程中探索的一种教学模式。现代数学软件技术的发展和各高校校园网及上机条件的改善，为高校数学提供了数字化的教学环境和实验环境。将数学实验融入高校数学的日常教学中的教学改革也受到了广大教师的关注。我们的具体做法如下：首先，在Mathemalica软件环境支撑下，将数学建模与数学实验案例融入教材，借助数学软件，通过数学实验诠释数学问题的实质。如割圆术与极限、变化率与导数概念的引出、局部线性化与微分的讨论、积分概念的引出和级数的讨论等，同时在每节内容后面都配置了专门的数学实验问题。

其次，根据高校数学课程的教学特点，结合传统教学方式，恰当地融入多媒体技术，尤其是数学软件技术，采取黑板板书加计算机演示等多种媒体相结合的教学方式。课堂教学不再是直接把现成的结论教给学生，而是借助于功能强大的数学软件技术，贯彻启发式教学模式，根据数学思想的发展与理论的形成过程，创造问题的可视化教学情境，模拟理论形成过程，让学生进行大量实验。数据观察，从直观想象进入到发现、猜想和归纳，然

后进行验证及理论提升与证明。如借助于数学软件对参数方程与极坐标方程图形、空间曲线与曲面等的展示，微分、常微分方程、定积分、重积分等概念的引出，多项式逼近与泰勒公式，方向导数与梯度引出及其应用，积分中的元素法，曲面的剖分与条件收敛的重排等。

再次，在课堂教学中，通过演示性的数学实验引导学生理解、应用数学知识与数学软件工具，发现、解决相关专业领域与现实生活中的实际问题，如通过"三点"方式引入曲率和曲率半径及对教材中相关结论的比较、梯度中对地形地貌、天气预报的解释，级数中对吉布斯现象的讨论等。为此我们还编写了以实验项目形式编排，与高校数学教学进度同步的高校数学课程实验指导书。每个实验项目由问题描述、实验内容及程序、进一步讨论三个部分构成。其中："问题描述"以实际问题为背景简要地引出相关的高校数学问题；"实验内容及程序"渐进式地开展针对性实验，从实验结果中观察、分析实验现象；"进一步讨论"或者将实验进一步引向深入，或者进行理论分析与探讨。通过实验项目的实践，学生可以进一步加深对数学知识、思想与方法的理解，并通过相关问题的探究，在实验中学会观察、分析与发现新的规律。

最后，我们还为高校数学课程分配了专门的实验室课时，并建设了专门的数学公共实验室为高校数学实验性教学提供硬件与技术保障。在实验课时我们给出开放性的实验项目，或者让学生自己寻找、发现问题。学生通过所学知识或查阅资料，独立或分组进行探索性实验，借助数学工具，找到问题的解决思路与方法。如圆周率的各种计算方法的探索，向量积右手法则关系的讨论，最小二乘法的应用，线性函数在图像融合或图像信息隐藏与伪装中的应用等。

这种近乎全真的直观教学，实现了传统教学无法实现的教学境界。通过形与数、静与动、理论与实践的有机结合，使学生从形象的认识提高到抽象的概括，可以使抽象的数学概念以直观的形式出现，从而更好地帮助学生思考概念间的联系，促进对新概念的形成与理解。让学生在接受相关知识时，在感受、思维与实践应用之间架起了一座桥梁，有利于澄清一些容易混淆的概念和不易理解的抽象内容，从而达到活跃课堂气氛、提高教学效率、节省教学时间、消除学生对数学知识的困惑和激励学生积极、主动获取数学知识的目的。

三、搭建高校数学网络教学平台，拓宽师生互动维度

教育信息化首先要实现各种教学资源数字化，使之能够适应信息化教育、网络化与互

动式教学发展的需求。现代信息技术的日益发展和校园网、园区网、互联网的逐步完善与普及，为数字化资源建设和管理提供了开放、可靠、高效的技术与管理平台。加强资源共享与教学互动对提高教学效率、保证人才培养质量有着十分重要的积极作用。

高校数学作为一门公共基础课程，具有很强的通用性，非常适合通过网络来实现开放式教学。我们的做法是，首先依托学校的网络教学平台，根据教学层次的不同，搭建包括高校数学Ⅰ、高校数学Ⅱ、文科高校数学、高校数学提高班、钱学森班、数学实验等在内的教学资料库（如电子教案、教学大纲、教学素材、参考资料、第二课堂等）、相关的视频点播（如课程全程录像、观摩课录像、相关学习视频等）、数学工具介绍与下载、数学实践案例与相关专题讲座、在线作业与习题库、网络考试系统、数学史料、数学文化以及相关学科的发展、研究与应用等，并根据专业特色与学校性质添加了个性化内容的高校数学资源库，从而达到完善和补充课堂教学内容的目的。并搭建了专门的高校数学省级精品课程网站和数学建模与数学实验国家级精品课程网站。

其次，依托方便、快捷的高速校园网、园区网扩展互动式教学范围。互动式教学的目标是沟通与发展，因此应该面向一个开放的教学空间，应该包括课堂教学之外，教师、学生之间，现实生活和现代信息技术创设的虚拟交互环境中彼此之间平等地学习、交流、讨论与教学活动的开展。互动式教学中，除了采用传统的讨论式交流互动之外，还可以借助于互动式教学学习工具，如互动式电子白板、答题器、互动式教学系统来开展互动式教学，其中互动式教学系统更是打破了传统互动教学的模式，更适应高校数学教学现状。因此，我们也搭建了相应的互动交流平台，包括课程交流论坛、教师个人空间、电子邮件和实时答疑系统等多种方式，实现学生之间与师生之间的互动交流和相关反馈信息的收集。

最后，根据多年的积累，我们专门制作了与教学内容体系相配套的整套高校数学多媒体教学软件。该软件教学内容完整，教学设计科学，创新点突出，融入了数学实验，数学素材表现力强，在使用过程中实践效果好。该软件除了在全系高校数学教员中共享外，还被上传到高校教育出版社教学资源中心，实现了全国范围内的数字资源共享，并获得2009年度全国多媒体课件制作大赛二等奖。

经过多年的研究与实践，我们发现，将现代教育技术融入高校数学的教学改革为学生的学习成才创造了广阔的空间。现代化的教学内容体系、实验化的教学过程、丰富多彩的数字化资源和形式多样的互动交流，很好地将数学知识、数学建模与实验、现代教育技术（尤其是数学软件技术）、数学实践与应用融为一体。这些工作的开展不仅能够让学生深刻理解与掌握相关的数学理论、思想与方法，并能在理解中有所发展，做到学有所获并学有所悟；而且能够让学生深刻体会到学习数学的用处，也能学会如何将数学应用到自然科学、社会科学、工程技术、经济管理与军事指挥等相关的专业领域，做到学有所用、学以致用；同时也最大限度地突出了学生学习的主体地位，充分发挥出学生的主观能动性；更重要的是有助于培养学生多角度、多层次思考问题的习惯，提升实践性的动手能力，培养学生科学研究的探索精神和创新意识。

第四章 高校数学教学模式的建构和应用

第一节 数学教学模式

在实际的教学工作中,数学教师创造了多种多样的数学教学方法。为了交流传播的需要,将这些数学教学方法大体分类并从理论上提升到一个更高层次,就形成了所谓的数学教学模式。俗话说"教无定法"。研究了解数学教学模式,不是为了"套用模式",而是为了"运用模式",教学中根据已有的教学条件对教学模式做出恰当的选择,并加以变通与组合,从而提高教学效率。

20世纪90年代,我国开始出现对数学教学模式的研究,研究数学教学模式是数学教学相对成熟的表现。在龙敏信先生主编的《数学课堂教学方法研究》中汇集了24种教学方法,分别是:

(1) 尝试指导,效果回授法。

(2) 自学辅导式教学法。

(3) 读读、议议、练练、讲讲八字教学法。

(4) 三环节二次强化自学辅导教学法。

(5) 指导、自学、精讲、实践教学法。

(6) 三教四给教学法。

(7) 四段式教学法。

(8) 自学、议论、精讲、演练、总结教学法。

(9) 自学、议论、引导教学法。

(10) 启发式问题教学法。

(11) 引导探索式教学法。

(12) 研究式教学法。

(13) 纲要信号教学法。

(14) 格式化教学法。

（15）层次教学法。

（16）低起点、多层次教学法。

（17）程序教学法。

（18）合作学习教学法。

（19）辐射范例教学法。

（20）单元教学法。

（21）数学解题教学法。

（22）目标递进教学法。

（23）目标教学法。

（24）发现式教学法。

但是，稍加分析就能感到，上述的教学方法有不少是大同小异的，为了确定鉴别本质上有一定区别的数学教学方法，将其化为教学常规，就需要对各种数学教学方法进行理论概括和归整，于是形成对数学教学模式的研究。近一二十年来，我国广大数学教育工作者在教学实践中对教学模式进行了大量的探索和研究，呈现出以下研究趋势：

①教学模式的理论基础得到加强。不同教学方法产生的基本学习认识论是什么，这个基本理论导向推动了数学教学模式的深入研究，现代教育心理学的研究成果，对数学哲学观、数学方法论的研究，尤其是对建构主义认识论的研究，使数学教学模式得到了很大发展。这在小学阶段比较明显，现代心理学研究正在逐步渗透到中学阶段的"高级数学思维"过程中。

②数学教学模式由"以教师为中心"，逐步转向更多的"学生参与"。比如自学辅导式教学法等就是这种转向的体现。这种发展趋势主要受到和谐社会建构的国策，以人的发展为本的教育思想特别是建构主义学习理论的影响，使得教师与学生在教学中的关系发生了许多变化。如何使学生真正参与学习是这一方面教学模式研究的根本问题。

③教学模式由单一化走向多样化和综合化。任何一种教学模式的形成都是其合理因素的积淀，都有其自身的优势，但不能独占所有的数学教学活动。"在我们所研究过的教学模式中，没有一种教学模式在所有的教学模式中都优于其他，或者是达到特定教育目标的唯一途径。"所以，在数学教学中，提倡多种数学教学模式的互补融合，而这同时也是实现数学新课程的知识与技能、过程与方法、情感态度与价值观目标体系的需要。

④现代教育技术成为改变传统教学模式的一个突破口。在现代教育技术下，不仅教学信息呈现多媒体化，学生对网络信息择录的个性化得到加强，而且学生面对丰富友好的人机交互界面，其主体性也能得到充分发挥。

⑤随着"创新教育"的倡导，研究性学习被列入课程之中，探究和发现的数学教学模式将会有一个大的发展。

第二节 基本数学教学模式

教学实践是数学教学模式理论生成的逻辑起点。数学教学模式作为教学模式在学科教学中的具体存在形式，是在一定的数学教育思想指导下，以实践为基础形成的。数学教学模式受社会文化的影响，表现为一定的倾向性。数学教学模式通常是将一些优秀数学教师的教学方法加以概括、规范，上升为理论，并在实践中成熟完善，转化为一种教学常规。

这里，我们依照主导性教学特征的大致历史发生的起点顺序将教学模式分为四种形式。

一、讲授式教学模式

这种教学模式的基本特征是师生关系与"讲解—接受"相对应，所体现的教学方法通常表现为，教师对教材内容做系统、重点的讲述与分析，学生集中倾听。这种教学法主动权在教师，是教师运用智慧，通过语言和非语言，动用情感、意志、性格和气质等个性心理品质向学生传授数学知识的一种历史悠久的方法，一直是我国数学教学的主要方法。讲授的成效极大地依赖于讲授水平，高水平的讲授突出三个方面：一是充实概念内涵，扩大外延，使概念具体化、明晰化；二是充分考虑学生的思维水平，运用恰当的举例、比喻，借助学生已有的知识、经验，深入浅出地阐述问题；三是讲授思维方法，通过提出问题、分析问题、解决问题，挖掘数学知识的思想方法。

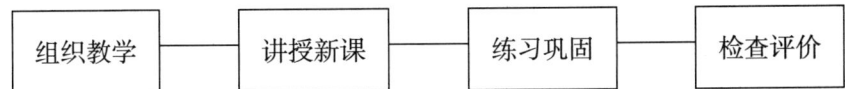

讲授式教学模式的教学过程基本如下：讲授式教学模式的特点是可使学生迅速有效地在一定时间内掌握较多的信息，突出体现了教学作为一种简约的认识过程的特性，所以，这种模式在教学实践中长期盛行不衰。但由于这种模式中，学生客观地处于接受教师所提供信息的地位，所以不利于主动性的发挥。然而，接受学习不一定都是机械被动的，关键在于教师传授的内容是否具有潜在意义的语言材料来支持；教师能否激发学生的学习积极性，并引导他们从原有的知识结构中提取相关联的旧知识，接纳新知识；教师能否选择恰当的巩固知识发展能力的练习。

讲授式教学毕竟只是讲授者单方面的教学活动，易误入灌输式歧途，使学生陷于被动接受知识的状态，所以有一定的局限性。随着教育的发展，教学理念的转变讲授式教学模式也在不断改良，已经从实在性讲授逐步转向松散性讲授，即在讲授过程中渗透学生的自主活动，以达到最佳讲授效果。

二、引导发现式教学模式

引导发现式教学模式大致起源于 20 世纪 70 年代末。引导发现式教学模式是指学生在教师的指导下,通过阅读、观察、实验、思考、讨论等方式,发现一些问题,总结一些规律,共享知识的发现。这种教学模式的显著特点是注重知识的发生、发展过程,让学生自己发现问题,主动获取知识,所以有利于体现学生的主体地位和掌握解决问题的方法。

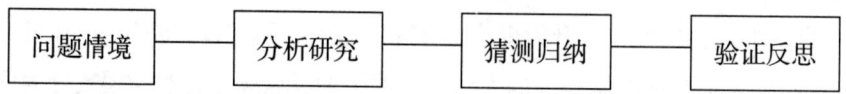

引导发现式教学模式的教学过程基本如下:

引导发现式教学一般适用于新概念或知识的讲授,教师在一些重要的定义、定律、公式、法则等新知识的教学中,为学生创设发现知识的机会和条件,让学生经历知识的探索过程,在这一过程中得到思维能力的锻炼。引导发现式教学也可用于课外教学活动,学生根据自己已有的知识经验去发现和探索现实中的数学问题。引导发现式教学的主要目标是学习发现问题的方法,培养、提高创造性思维能力,主要过程包括:

①教师精心设计问题情境。
②学生基于对问题的分析,提出假设。
③在教师的引导下,学生对问题进行论证,形成确切概念。
④学生通过实例来证明或辨认所获得的概念。
⑤教师引导学生分析思维过程,形成新的认知结构。

【例 4-1】勾股定理的引导发现式教学

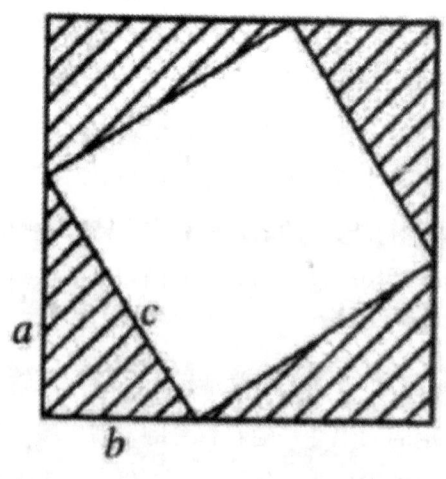

图 4-1 示例图

问题情境：要求学生在坐标纸上至少画 5 个斜正方形，如图 4-1 所示。斜正方形的顶点在格点上。

让学生计算这些斜正方形的面积。

教师引导：让学生在每个斜正方形外围画外接正方形，启发学生思考斜正方形与外接正方形的面积之间的关系。

学生猜想：通过观察计算斜正方形与外接正方形组成的 4 个三角形的面积，可能发现这些三角形三边边长之间的关系。教师进一步引导：把图中的方格纸背景除去，并隐去 a、b 的具体数值，是否能得到原猜想的结论？直角三角形两直角边的平方和等于斜边的平方，这一命题是从顶点为整数格点的几个特殊例子得到的，而对于一般的直角三角形，它是否仍成立呢？（学生继续操作、交流、讨论）

整个猜想过程基本完成之后，教师带领学生做逻辑论证。

人类对勾股定理的真实发现过程至今仍是一个谜。现代数学课堂中是否应当让学生猜想和证明勾股定理是有争议的。事实上，多数教师教勾股定理，基本采用讲解操作的方式，重点放在勾股定理的应用上，只有少部分教师将重点放在勾股定理的探究与发现上。数学教学中要培养学生数学计算、数学论证乃至数学推断等能力，勾股定理的教学应当是一个比较合适的例子。但是对于让学生探究而言，在教学设计上存在两个难点：一是通过度量直角三角形三条边的长，计算它们的平方，再归纳出 $a^2+b^2=c^2$，由于得到的数据不总是整数，学生很难猜想出它们的平方关系；二是勾股定理的证明有难度，一般来说学生很难自行组织逻辑证明，需要得到外在帮助。在教学中以什么方式进行勾股定理的教学，应视学生的水平、教学条件（教学工具等）、教师的教学设计能力而定。

采用引导发现式教学，对学生的发现效益应有客观的评价，让学生完全独立地发现知识，这种要求未免过高。课本上每一个概念、定理、定律的产生大都经过漫长的历史过程。引导发现式教学的目的是改变接受式学习方式，引导学生参与到知识形成的过程中，经过思考活动，与他人与教师共享知识的发现。但是，在解决数学问题或实际问题时，应鼓励学生独立地发现解决问题的数学方法。

三、活动式教学模式

活动式教学是学生在教师指导下，通过实验、操作、游戏等活动，以主体的实际体验，借助感官和肢体理解数学知识的一种数学教学模式。小学阶段开展活动式教学的时间较早，而在中学阶段活动式教学直到 20 世纪 90 年代才有了开端，21 世纪初新课改以来才较为普遍地流行开来。活动没有形式和规模之分，可以是现实材料活动，也可以是电脑模拟活动；可以是小组活动，也可以是班级活动。活动可以在课内进行，也可以在课外进行。

教学活动是教师根据一定的教学目标组织学生开展的,学生在活动中领悟数学知识,经过思维分析,形成数学概念或理解数学定律。活动式教学模式的教学过程基本如下:

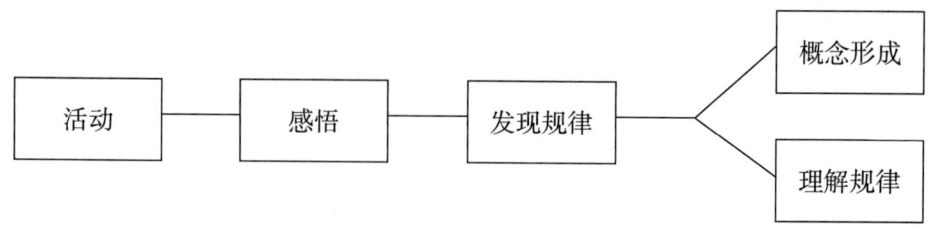

数学活动包括电脑操作、测量、数数、称重、画图、处理数据、比较、分类等。设计优异的实验既能提高学生学习兴趣,又能从直观上帮助学生理解概念,掌握概念实质。如借助电脑软件,能够发现数学的很多相关概念;借助直尺、圆规等工具,能够发现平面几何中的有关定理;借助计算器,能够做近似计算、画模拟曲线等;经过实际活动(掷币、抽牌等),可建立频率或概率的概念等。为了达到设定活动教学目标,活动要有周密部署,教师要事前充分准备,有时教师还要事先试做,必要时修改活动方案,确保活动达到预期目的。

【例4-2】"方差"概念的活动教学

初中统计课有平均数和方差两个基本概念,许多学生只会计算,却不懂其含义。于是,上海长宁区教研室设计了如下活动教学:

工具——一台体重秤。

活动——指定学生组成两个三人组:一组中三人体重相仿,均为中等;另一组中一人较胖,一人较瘦,一个中等。这6人分别称体重,在黑板上记结果。全体同学计算平均体重及各组的方差体重。

效果:经过计算分析,两组学生的平均体重差不多,而方差却大不相同,通过比较,学生较好地理解了方差的含义。

活动式教学模式符合数学发生及数学学习的规律,亦对培养学生的数学兴趣有益,作为主流教学方式的补充方式是十分合适的。采用活动式教学应当紧密围绕教学目标,以发展数学概念为目的。数学活动中应引导学生对自己的判断与活动甚至语言表达进行思考并加以证实,有意识地了解活动中体现的数学实质。这样的活动——以反思为核心——才能使学生真正深入到数学建构之中,也才能真正抓住数学思维的实质。

活动式教学模式适用于较低学段或者是某些较为抽象的数学概念或定律的教学中。因为低年级学生的数学抽象思维能力较弱,需要借助直观形象来理解把握抽象的数学概念。对较高学段的学生而言,有些抽象的数学概念或定律的理解也需要借助于一定形式的活动来完成。不过,活动式教学模式由于所花的时间较多,而且容易使学生限于活动本身的形式之中,从而忽视活动蕴含的数学内容,所以,不宜在教学中频繁使用。

四、现代技术教学模式

利用计算机软件或多媒体技术制作课件，辅助数学教学的方法称为现代技术辅助法。随着信息化时代的到来，信息产品的普及，越来越多的数学教师在教学中使用现代技术教学手段，数学课程标准要求教师恰当地使用信息技术，改善学生的学习方式，引导学生借助信息技术学习数学内容，探索研究一些有意义、有价值的数学问题，利用现代技术将数学现实化、直观化、效能化（减少烦冗的计算或操作），能够提高学生学习数学的兴趣，有助于改善数学教学。计算机的教学功能主要是演示和实验，演示的作用在于把抽象的数学概念具体化、动态化，帮助学生理解数学概念，而数学实验的作用在于让学生利用计算机及软件的数值功能和图形功能展示基本概念和结论，去体验发现、总结和应用数学规律的过程，以及根据具体的问题和任务，让学生尝试通过自己动手和观察实验结果去发现和总结其中的规律。

第三节　对数学教学模式的认识

数学教学模式通常是将一些优秀数学教师的教学方法加以概括、规范，上升为理论，并在实践中成熟完善，转化为一种教学常规。数学教学模式受社会文化的影响反映出以下特点：

文化性——数学教学模式带有社会文化的烙印，师道尊严的时代，讲授式教学模式盛行；改革开放时期，倡导引导发现式教学模式；到了信息技术时代，又提倡信息技术与数学教学整合。

交合性——数学教学模式不是孤立的，不同的教学模式在实践中往往糅合在一起使用，糅合的效果强于单一的效果。

主观性——数学教师倾向于哪一种教学模式，与教师的观念、行为、习惯、知识水平、信息技术技能水平有关。坚持学科价值的教师多倾向于讲授式教学模式，崇尚人文价值的教师多倾向于引导发现式教学模式，现代技术水平较高的教师在教学中使用现代技术辅助教学的频率自然就比较高。

客观性——数学教学模式的倾向也来自教学条件和学生因素，与学生的知识基础、学生的班级规模、学校的条件以及学生的文化背景等因素有关。

随着教育改革的深入，构建和谐社会的倡导，数学教学不再追求统一化、程序化，数学教学方式越来越灵活，现代技术方法逐步渗入，因而要正确认识数学教学模式的倾向性。

一、相对性

　　数学教学模式的相对性是指一种教学方式的采纳与否是相对于所要达成的教学目标而言的。比如，是学习新知识还是复习巩固旧知识，学习内容是抽象的概念、定理还是具体的计算、绘图，是做普通练习题还是解决实际问题。针对不同的目标，选择的教学方式可以不同。一种教学方式的有效范围是有限的，没有适用于所有学习活动的数学教学方式。万能的教学模式是不存在的，单一的教学方式不能适应学习的复杂性，不能反映数学教学的本质规律，难以在教学实践中贯彻执行数学教学的基本原则。单从教学效果上看，各种教学方式也并无优劣之分。比如，讲授式与引导发现式的教学效果主要取决于教师的教法设计或教学过程的组织。就引导发现式教学来说，如果为了引导学生发现而将过程组织得"滴水不漏"，就像老师牵着学生的鼻子走，或者过程中设计问题过多过细，学生抓不住要点，产生不了什么发现，那么这种引导发现式教学就是无意义的，不如设计成重点突出简明扼要的讲授式教学。而如果为了一味追求现代技术的作用，设计精美的课件在课堂上大量使用，就会掩饰数学思维的过程，学生看得多，想得少，教学效果还会适得其反。现代教学的发展趋势表明，教学越来越趋向于多样化，学生越来越适应多样化，绝对化和机械化的倾向也就应当尽量避免。

二、局限性

　　数学教学模式的局限性是指任何一种教学模式的功能都不能体现于所有学习现象上。每一种教学模式的形成都来自课程的驱动，与课程目标、课程内容、课程评价等方面的要求密切相关。比如在数学课程标准引导下的课程改革提出了学习数学知识，体验过程掌握方法，培养数学情感与价值观的三项数学课程目标，这就迫使讲授式教学模式必须有所发展，但也绝不能被废弃。当前比较提倡的引导发现式教学模式很适合数学课程标准的理念，这类形式的教学方法无论是在促进学习知识、发展心理品质方面，还是在培养学生对未来生活、工作的适应能力上都十分有价值。但是，从教学内容上看，并不是所有内容都适合用发现法进行教学。有些内容（或方法）的原创发现十分艰难，不乏偶然因素，再现这类过程既困难又无必要，但可以通过学生对知识的经验验证去体现"发现"。还有一些内容（或方法）的原创发现，其过程未必艰难，常产生于某些天才数学家的灵感，这类过程同样很难暴露，如费马和帕斯卡的随机数学问题。如果硬让对这类内容的学习来一个思维过程，必然非常困难。发现式学习有成功也有局限，而当屡次发现遭遇失败的时候，就会破坏学生的情绪，损伤学生的自尊，严重的还会导致学生厌学，失掉学习的兴趣和信心。又如，现代技术辅助教学模式虽然符合潮流，但对教学的内容应有所选择，屏幕上的变化与显示适合于直觉思维但未必适合于培养逻辑思维，中小学教师的经验表明，过多使用多媒体课件上课，学生的学习成绩将受到影响。

三、互补性

每一种教学模式中的教法都存在与其他教学模式中的教法互补结合的可能性和现实性，这种可能性和现实性决定于数学学习的各种要求，学生在学习抽象数学的过程中需要得到教师的帮助，此时教师的认真分析与讲解很有必要。同时，教师还有责任引导学生发现和掌握数学思想方法，引导发现式教学也不可少。当然，学生解决实际问题的能力又离不开对数学活动的体验，包括信息技术的应用。实际教学过程中只有适时地综合使用各种教学方法，才能完成不同的教学要求，达到相应的教学目标。

总之，每一种教学模式都有其独特的性能、适合的对象和条件，选择教学方式要力求适应，根据具体内容进行取舍、综合。从教育理论上说，有意义的接受学习与探究的发现学习都具有一定的合理成分。

现代数学教育的理念，正是希望追求两种教育模式的整合。从大量数学教学改革实践的经验中，数学教育工作者悟出一个道理，即以中国文化为底蕴，重新整合上述两种教学取向，平衡的数学教育作为现代数学教育的特征之一，其实践基础也在于此。

从国际数学教育来看，教学方法的改进也是沿着综合性的方向进展。下面是第三次国际数学与科学研究小组对美国、英国日常数学教学（八年级）方式的调查显示：在美国，教师演讲式的讲课占20%的授课时间，其次是教师指导下的学生练习占18%和学生的独立练习占17%，家庭作业的复习也占到15%的教学时间，有12%的时间用于重新教授或澄清某些内容及过程，11%的时间进行考试或测验，6%的时间用于班级管理，另有4%的时间用于处理其他事务。有半数以上的数学课会包含合作形式的学习，高年级这种学习形式的频率更高。计算器在数学课堂上的使用频率很高，而使用计算机的频率却不高。在英国18%的时间用于演讲式授课，1%的时间用于澄清或是重新教授某些概念或过程，24%的时间让学生进行独立练习，8%的时间用于测试和评定工作，6%的时间用于对家庭作业的讲评，3%的时间用于课堂管理，其余3%的时间用于其他。与美国一样，英国数学课堂上计算器的使用频率较高。近年来，日本的数学教育特别重视"课题学习"，基本数学形式是：创设问题情境，激发学生兴趣；在教师组织下，学生讨论；各小组发表结果，并说明思考方法；全班共同讨论各小组的结果；教师归纳总结；推广结果或激发学生向类似问题挑战。

第四节　高校数学教学模式的运用

一、任务驱动教学模式的运用

（一）任务驱动教学模式的基本含义

任务驱动教学法是利用建构主义学习理论来进行教学的一种方法，不同于传统的直接口传相授的方法。它主要强调学生的自主学习和合作式学习。学生为了探索某种问题，必须通过积极主动地利用学习资源，进行自主研究和互动协作的学习，从而既解决问题又达到掌握知识的目的，而教师的作用是进行指导和引导学生。在这种以解决问题、完成任务为主的教学过程中，学生处于积极的学习状态，每一位学生都能根据自己对问题的理解，运用已有的知识和自己的经验提出解决问题的方案。在这个过程中，学生还会不断地获得成就感，可以更大程度地激发他们的求知欲望，逐步形成一个感知心智活动的良性循环，从而培养出独立探索、勇于开拓进取的自学能力。

在任务驱动教学法展开的过程中，首先授课老师要根据当前的教学内容和教学目标，依据学生已掌握的知识和具备的思维能力，提出一系列的任务。其次，在学生探讨问题的过程中，老师提供解决问题的线索，如需要搜集的资料怎么和前面的知识相联系；倡导学生进行讨论和交流，并补充、修正和加深每个学生对当前问题的解决方法。最后，检验学生的学习效果主要包括两部分内容，一方面是对学生是否完成当前问题的解决方案的过程和结果的评价，而另一方面是对学生自主学习及协作学习能力的评价。

（二）任务驱动教学法的应用

1. 任务的设计

任务的设计是任务驱动教学法最重要的环节，直接决定了一节课的质量、学生是否进行自主学习和是否能够完成该节课的教学目标。老师在设定任务的时候应当根据学生当前的知识水平，设定合理的、能激发学生的学习兴趣的任务。

高校数学是一门公共基础课，要求老师设定任务的时候考虑到不同专业的特点，结合该专业的数学水平，提出不同层次的、由简单到复杂的小任务，能够把学生需要学习的数学知识、技能隐含在要完成的任务中，通过对任务一步步地完成来实现对当前数学知识和技能的理解和掌握，从而培养学生动手操作、积极探索的能力。

学生对任务的完成分为两种形式：一种是按照原有的知识和老师的指导一步步地完成任务，这种形式比较适合学生对教学内容的一般掌握；另一种是学生除了完成老师要求的任务，还能自由发挥，提出自己的一些建设性的意见，这种形式比较适合学生对教学内容的拓展掌握。例如高校数学中在学习"导数的概念"时，老师可以利用现实生活中汽车刹车的实例，来提出如何计算汽车在刹车的一段时间内某一时刻的速度？这样很接近现实生活，学生很容易接受任务并很乐意去完成。具体怎么求出瞬时速度？老师引导学生考虑平均速度和瞬时速度的区别和联系，学生很自然计算出某一时刻的瞬时速度，并能够很好地掌握导数的概念和公式，从而达到了我们的教学目的。

总之，任务的设定要结合学生的实际情况和兴趣点，将教学内容融入教学环境中，培养学生的开放性思维和探索知识的能力。

2. 任务的完成和分析

一般在教师给出任务以后，留有时间让学生自由讨论和自主地搜集学习资料，探讨完成该任务存在什么问题，该如何解决这些问题。能够找到完成该任务所用到的知识点没有学过，这就是完成该任务所要解决的问题。

找到所要解决的问题，在分析该问题时，老师不要直接给出解决方法，而是引导学生，利用已有的知识，利用所需的信息资料，尽量以学生为主体，并给予适当的指导来补充、修正和加深每个学生对问题的认识和对知识的掌握。

仍以"导数的概念"为例，当需求出某一时刻的瞬时速度时，首先提出一个任务——求速度的公式，引导学生思考能不能利用该公式求出瞬时速度，如果不能，再提出下一个任务——能不能用平均速度来代替瞬时速度，如果可以的话，需要什么样的条件？当学生能够解决以上问题的时候，继续更有难度的任务——如何将平均速度与瞬时速度联系？引导学生学会利用已有的极限的知识，从而顺利地掌握导数的概念。

在此过程中，老师要充分发挥学生的主观能动性，让学生能够主动独立思考、自主探索，并能够自主总结知识点，这样对培养学生分析解决问题的能力有很大的帮助。同样也使得学生学会了表达自己的见解，聆听别人的意见，吸收别人的长处，并能够和他人团结合作。

老师在此过程中也要时刻注意学生探讨的深度和进度，掌握好课堂的教学进度，并采用适当的措施使每个学生都能够参与到讨论的活动中。

3. 效果的评价

当学生完成任务以后，需要老师对结果做出总结性的评价，主要分为两方面的评价：一是对学生完成任务后的结论的评价，通过评价学生是否完成了对已有知识的应用，对新知识的理解、掌握和应用，达到本节课的教学目的。二是针对学生在处理任务时的考虑问题思维的扩散和创造能力，和其他同学协作的能力，以及对自己见解的表达能力，老师应做适当的评价，能够更加激发学生的学习兴趣，保持一种良好的学习劲头。

在进行教学评价的过程中，老师也可以引导学生进行自我评价，使得学生对自己在完成任务的过程中出现的问题和没有考虑到的细节进行总结，能够传承长处，改进失误，从而形成一种良性循环。

对教学效果的评价是达成学习目标的主要手段，教师如何利用此达到教学目标，学生如何利用它来完成学习任务从而达成学习目标，都是相当重要的。因此，评价标准的设计以及如何操作实施都是值得关注的。

（三）任务驱动法在高数数学教学中的案例分析

1. 任务驱动法基本环节

创设情境—确定任务—自主学习（协作学习）—效果评价等四个基本环节。

2. 高校数学教学在任务驱动法中案例分析

以高校数学数列极限这一节教学为例剖析任务驱动法的各环节。

（1）创设情境：情境陶冶模式的理论依据是人的有意识心理活动与无意识的心理活动、理智与情感活动在认知中的统一。教师创设情境使学生学习的数学知识在与现实一致或相似的情境中发生。学生带着"任务"进入学习情境，将抽象的数学知识建立数学模型，使学生对新的数学知识产生形象直观和悬念。

在数列极限这一节教学教师设置以下教学情境：

情境1：极限理论产生及发展史（PPT）。

情境2：展示我国古代数列极限成果（电脑软件制作图形演示）：我国古代数学家刘徽计算圆周率采用的"割圆术"。结论："割之弥细，所失之弥少，割之又割，以至于不可再割，则与圆周合体而无所失矣。"

情境3：极限与微积分的思想（PPT）：微积分是一种数学思想，"无限细分"就是微分，"无限求和"就是积分。无限就是极限，极限的思想是微积分的基础，它是用一种运动的思想看待问题。

直观、形象的教学情境能激发学生联想，唤起学生认知结构中相关的知识、经验及表象，让学生利用有关知识与经验对新知认识和联想，从而使学生获得新知，发展学生的能力。

（2）确定任务：任务驱动法中的"任务"即是课堂教学目标。任何教学模式都有教学目标，目标处于核心地位，它对构成教学模式的诸多因素起着制约作用，决定着教学模式的运行程序和师生在教学活动中的组合关系，也是教学评价的标准和尺度。所以任务的提出是教学的核心部分，是教师"主导"作用的重要体现。

如数列极限教学课中，根据创设的情境以上案例中确定任务：

①极限理论产生于第几世纪？创始人是谁？它对微积分主要贡献是什么？

②诗句中"万世不竭……""割圆术"演示体现了什么数学思想？"割圆术"中，无限逼近于什么图形面积？结合课本思考数列极限定义的内涵。

③无限与极限之间是什么关系？什么叫微积分？极限与微积分的关系是什么？

④知识建构：数列极限无限趋近与无限逼近意义是否相同？函数极限形象化定义如何？它与数列极限的区别与联系有哪些？用图形说明函数值与函数极限的关系。

教师在提出问题（任务）时一定要符合学生认知和高校学生心理特点，教师的问题应简单扼要，通俗易懂，问题一定要使学生心领神会，能进入学生课堂，突显学生主体性地位。

（3）任务驱动法第三环节是自主学习（协作学习）：问题提出后，学生观看问题情境，积极思考问题。一是真正从情境中得到启发，课堂上由学生独立完成，如以上任务①、②；二是需要教师向学生提供解决该问题的有关线索，如需要搜集资料、相关知识、图片、如何获取相关的信息等，强调发展学生的"自主学习"能力，而不是给出答案，如以上任务③。对于任务④则需要学生之间的讨论和交流、合作，教师补充、修正、拓展学生对当前问题的解决方案，也是本节课新知构建。

（4）效果评价：对学习效果的评价主要包括两部分内容：一方面是对学生当前任务进行评价即所学知识的意义建构的评价；如本案例中，通过数列极限直观和形象化情境，激发学生联想，唤起学生认知结构。在计算圆周率直观和形象化率无限"割圆术"化圆为方的"直曲转化，无限逼近"的极限思想教学时借助多媒体展示无限分割过程，最终趋近于常数；体会极限的思想方法。另一方面是对学生自主学习及协作学习能力的评价。如微积分与极限的关系是下阶段的学习内容，需要学生去探索，这一过程可以学生互评，还可以是老师点评，也可以是师生共同完善和探索，得出结论。

通过对本案例分析，"任务驱动法"是"教师—任务—学生"三者融为一体的教学法，是双边"互动"的教学原则，"教与学"双方形成合力，而不是以"教"定"学"被动的教学模式。

（四）任务驱动教学法应用的注意事项

1. 任务提出应循序渐进

任务的设计是任务驱动教学法成败的关键所在。老师在提出任务的时候，要注意任务的难易程度，由易到难，将任务细化，通过小任务的完成来实现整体的教学目标。在任务的设计上不能千篇一律，考虑到不同专业学生的个性差异，设计合适学生身心发展的分层次任务。

2. 任务设计应具有研究性

考虑到任务是需要学生进行自主学习和建构性学习来完成的，因此要求每个阶段的任务设计不能直接照搬课本，而是能够展示知识之间的联系和知识具有实际意义下的研究探索性。通过任务的完成，学生能够体会到知识的连通性，意识到所学的知识起到承前启后的作用。

3. 方法实施期间注重人文意识

高校数学作为一门基础公共性的课程，既具有较强的科学性，又蕴含着深厚的人文知识。因此，在方式的实施过程中，要求教学形式情景化和人文化。任务设计的过程不仅要求学生能够掌握一定的科学文化知识，还需要对学生的思维方式、道德情感、人格塑造和价值取向等方面都能产生积极的影响。

二、分层次教学模式的运用

（一）分层次教学的内涵

1. 含义

分层次教学是依据素质教育的要求，面向全体学生，承认学生差异，改变大一统的教学模式，因材施教，培养多规格、多层次的人才而采取的必要措施。分层次教学模式的目的是使每个学生都得到激励，尊重个性，发挥特长，是在班级授课制下按学生实际学习程度和能力施教的一种重要手段。

我们承认学生之间是有差异的，但有时这种差异往往又不是显而易见的，对学生属于哪一种层次应持一种动态的观点。学生可以根据考试和整个学习情况做出新的选择。虽然每个层次的教学标准不同，但都要固守一个原则，即要把激励、唤醒、鼓舞学生的主体意识贯穿到整个教学过程，特别是对较低层次的学生，需要教师倾注更多的情感。

2. 理论基础

第一，分层次教学源于孔子的"因材施教"思想。在国外，也有差异教学的理论。即将学生的个别差异视为教学的组成要素，教学从学生不同的基础、兴趣和学习风格出发来设计差异化的教学内容、过程和成果，促进所有学生在原有水平上得到应有的发展。分层次教学正是基于这两种理论，在现有教学软、硬件资源严重不足情况下，对现代教育理念下学分制的完善和补充。

第二，心理学表明，人的认识总是由浅入深、由表及里、由具体到抽象、由简单到复杂。

分层次教学中的层次设计，就是为了适应学生认识水平的差异。根据人的认识规律，把学生的认识活动划分为不同阶段，在不同阶段完成适应认识水平的教学任务，通过逐步递进，使学生在较高的层次上把握所学的知识。

第三，教育学理论表明，由于学生基础知识状况、兴趣爱好、智力水平、潜在能力、学习动机、学习方法等存在差异，接受教学信息的情况也有所不同，所以教师必须从实际出发，因材施教、循序渐进，才能使不同层次的学生都能在原有的程度上学有所得、逐步提高。

第四，人的全面发展理论和主题教育思想都为分层次教学奠定了基础。随着学生自主意识和参与意识的增强，随着现代教育越来越强调"以人为本"的价值取向，学生的兴趣爱好和价值追求，在很大程度上左右着人才培养的过程，影响着教育教学的质量。

3. 特点

美国教育家、心理学家布鲁姆在掌握学习理论中指出，"许多学生在学习中未能取得优异成绩，主要原因不是学生智慧能力欠缺，而是由于未能得到适当教学条件和合理的帮助造成的"。分层次教学，就是在原有的师资力量和学生水平的条件下，通过对学生的客观分析，对他们进行同级编组后实施分层教学、分层练习、分层辅导、分层评价、分层矫正，并结合自己的客观实际，协调教学目标和教学要求，使每个学生都能找到适合自己的培养模式，同时调动学生学习过程中的异变因素，使教学要求与学生的学习过程相互适应，促使各层学生都能在原有的基础上有所提高，达到分层发展的目的，满足人人都想获得成功的心理需求。因此，分层次教学一个最大的特点就是能针对不同层次的学生，最大限度地为他们提供这种"学习条件"和"必要的全新的学习机会"。

（二）分层次教学的意义

分层次教学起源于美国。分层次教学就是针对不同学生的不同学习能力和水平实施的教学，以因材施教为原则，以分类教学目标为评价依据，使不同学生都能充分挖掘自身潜力，从而达到全面提升学生素质、提高教学质量的目的。自20世纪80年代以来，中国也开始加以借鉴，在小学到大学的全部教育阶段尝试进行分层次教学方法。

1. 有利于提高学习兴趣

实施分层次教学的方法，对非理工类专业的学生可以降低教学难度，学会高校数学的一些基础知识，发现学习数学的趣味所在；对于理工类等专业的学生，加深高校数学的学习难度，可以避免他们由于感到学习内容过于简单而丧失学习积极性的弊端。各个层次的学生都能够更加认真地学习高校数学的课程，发现学习的乐趣，提高学习水平和学习兴趣。

2. 有利于实现因材施教

教师可以根据不同层次学生的数学基础和学习能力，设计不同的教学目标、要求和方法，让不同层次的学生都能有所收获，提高高校数学的教学、学习效率。教师在课前能够针对同一层次学生的情况，做好充分的准备，有针对性、目标明确，这就极大地提升了课堂教学的效率。

3. 有助于提高教学质量

学生水平参差不齐，教学中难免造成左右为难的尴尬局面。在实施分层次教学以后，教师面对同一层次的学生，无论从教学内容还是教学方法方面都很容易把握，教学质量就自然有所提升。

（三）分层次教学的实施

1. 合理分级，整体提升

随着我国各大高校扩招政策的不断深入，我国原本是以一本线招生的各大高校也招入了许多二本分数的学生，加之部分高校还存在文理科混招的现象，进而导致学生的入学成绩差异越拉越大。因此，分层次教学模式的实施将更符合当前高校学生的实际，且以此方式开展高校数学教学，将更能体现出该教学模式的针对性与科学性。当然，采用分层次教学模式，首要工作便是对学生进行合理评级，而要确保评级的合理性，便是采取将学生入学成绩与学生资源结合的方式，以学生自主选择为基础，然后参考学生的入学成绩予以分级，如此方有利于学生学习兴趣与学习主观能动性的调动。与此同时，积极引进合理的竞争机制，还可有效促进学生学习积极性的提升，进而有利于学生整体学习效率的提高。

2. 构建分层目标，合理运用资源

采用分层次教学模式，针对教学的目标也应结合分级原则予以合理设定。通常情况下，针对学习能力强的学生，不应对其做出过多的限定，且需以激发学生的学习潜能为主，以免限制学生在高校数学领域的发展；而针对处于较低层次的学生，则需以掌握基础为主，且针对不同专业以及不同专业取向的学生，应尽可能为其提供充足的数学知识与能力准备，从而让各层次学生均能对数学的价值、功能以及数学的思想方法有所了解，进而努力促进更多学生由低层次逐步往高层次的方向发展，继而确保课堂教学质量与效率的有效提升。从理论层面来看，关于学生层次以及教学目标的分级，当然是越细越好，但考虑到我国各大高校庞大的学生数量，加之教学组织与管理方面的难度，以及教学资源的合理运用，因而实际的分层可考虑以 AB 的方式划分即可，而针对教学目标的设定还需考虑如下几个方面：一为数学的基本原理与概念，二为解决问题能力的训练方法，三为数学的思想与文化素质。

（1）对基础层次 A 应采用的教学方法与教学策略

针对基础较好且学习能力相对较强的学生，为确保高效教学，首先应致力于学生学习兴趣的提升。对此，教师采取的教学方式应是以鼓励并引导为主。与此同时，促使学生掌握正确的学习方法，如此有利于学生自主学习能力的发展。当然，考虑到学生所处之不同层次，教师在教学过程中亦应重视以下几点：第一，要尽可能地直观化抽象的高校数学知识，以方便学生理解；第二，增加立体数量，并立体化相关内容；第三，注重体现教学的启发性；第四，增强教学的趣味性。

（2）对提高层次 B 应采用的教学方法与教学策略

针对处于 B 层次之学生，首先教师的教学除了需侧重于展示教学的概念外，尚需让学生了解一定的定理发展史，以帮助学生理解数学基础知识中所包含的数学思想并同时掌握解决问题的基本方法，继而寻求数学的解题规律，以解释数学的本质。其次是坚持以解决问题为核心，并采用启发式的教学方式以激发学生的学习潜力。再次是要积极联系教材，并尽量为学生创设活跃的学习环境，以促使学生自主学习并主动提出问题，进而通过组织学生探讨以找出符合问题描述的解题类型。最后是根据考研能力的要求设置合理的例题，从而确保针对学生的水平训练能够满足日常的训练要求。当然，最为重要的一点还是要对当前的教育理念予以进一步的补充与完善，并针对现有的学分制进行相应的改革，结合现有的教学软硬件等资源条件，让每一名学生都能体会到成功的快感，如此方有利于学生学习积极性的提升。

3. 分层教学内容，满足知识理解深度

把控教学进度并针对不同层次班级采用不一样的教学内容与方法是分层次教学模式的核心。针对高层次班级，教师应在教授基本知识之余，结合全国硕士研究生入学考试大纲的要求进行适当的拓展，以提升学生对所学知识的实际运用能力，进而促使学生逐步由"学会"往"会学"的方向发展。而针对低层次班级，则需适当降低要求，即在要求学生掌握本科基本内容的前提下，理解部分课本与课本之外的简单习题。与此同时，针对不同层次的班级，即便是相应的内容也应有不一样的要求。如针对层次较高的班级，应对其在知识理解的深度与广度方面提出更高的要求，而低层次班级仅需懂得运用基本的概念与方法以及能用描述性的语言处理问题即可。

例如，当进行"极限"概念的相关内容教学时，针对高层次班级，教师除了应要求学生掌握"E、V"的定义外，还能通过例题与习题深挖概念所隐藏的内涵，继而懂得利用"E、V"对既有的结论予以证明。而针对低层次班级，仅需要求其掌握极限的"E、V"定义，而后针对部分极限能用描述性的定义去求解即可。又如，针对高校数学中的定理与性质，低层次班级仅需学会使用即可，而高层次班级则应要求其对理论进行论证。

4. 采取分层考核和评分，提升学生主动性

由于采用分层次教学的方式，教师在日常的教学过程中便对学生有着不一样的要求，因而考试的内容也根据最初所划定的学生层次来做出适当的调整，并最终以考试成绩来作为对学生进行再次分级的依据。当然，教师所做之调整也需结合学生意愿，如根据学生意愿将高层次班级中的"差等生"降低到低层次的班级，而将低层次班级的"优等生"上升至高层次班级，如此方能在避免打击学生学习自信的同时提升学生的学习主动性与积极性。

例如，在学习"数列的极限"内容时，教学目标是让学生掌握数列极限的定义，学会应用定义求证简单数列的极限，或从数列的变化趋势中找到简单数列的极限。因此，老师在教学之后进行考核的过程中，可以采取分层考核和评分的方法。其中，针对优等生，老师不仅需要考核他们掌握基础知识的情况，还需要注重考核对爱国主义和辩证唯物主义等知识的掌握；对于水平较低的学生则只需要考核他们是否掌握数列极限的定义，是否学会应用定义求证简单数列的极限。通过采用这种考核方法，能够使不同水平的学生更加全面地认识自己，从而全面提升学生的数学水平。

总之，将分层次教学模式应用于高校数学教学，其目的主要是减轻学生的学习压力，进而促进学生对该专业基础知识的掌握，并以此提升学生的抽象与逻辑思维能力。因此，作为高校数学教师，应将分层次教学模式视作一种教学组织形式，而要充分发挥此种教学形式的作用，关键在于找出学生的认知规律，并持之以恒地加以实践，总结经验教训，如此方能取得良好的教学效果，并确保学生的有效发展。

三、互动教学模式的运用

（一）高校数学的课堂教学中师生互动容易出现的问题

1. 形式单调，多师生间互动，少生生间互动

课堂互动的主体由教师和学生组成。课堂中的师生互动可组成多种形式，如教师与学生全体、教师与学生小组、教师与学生个体、学生全体与学生全体、学生小组与学生小组、学生个体与学生个体之间的互动。由于高校数学课程容量比较大，又是抽象的理论内容居多，所以很多教师采取的互动方式多是教师与学生全体、教师与学生个体，教师提出启发式的问题让全体学生思考，由于时间所限，也只能由个别学生回答问题。这种互动方式没有学生集体讨论的时间就不能广开思路，容易造成学生的思维惰性，起不到培养思维能力和创新能力的作用。

2. 偏颇，多认知互动，少情意互动和行为互动

师生互动作为一种特殊的人际互动，其内容也应是多种多样的。一般把师生互动的内容分为认知互动、情意互动和行为互动三种，包括认知方式的相互影响，情感、价值观的促进形成，知识技能的获得，智慧的交流和提高，主体人格的完善，等等。由于课堂时间有限，高校数学课又是基础课，上课班型基本都是大班授课，互动的内容也就大多集中在知识性的问题上，缺乏情感交流。于是，课堂互动主要体现在认知的矛盾发生和解决过程中，而严重缺乏心灵的美化、情感的升华、人格的提升等过程。这样容易导致师生间缺乏了解，缺乏关怀，加之知识的枯燥，就会导致某些学生的厌学情绪和教师的失望情绪。

3. 不够，多浅层次互动，少深层次互动

在课堂教学互动中，我们常常听到教师连珠炮似的提问，学生机械反应似的回答，这一问一答看似热闹，实际上，此为"物理运动"，而非"化学反应"，既缺乏教师对学生的深入启发，也缺乏学生对教师问题的深入思考。这些现象，反映出课堂的互动大多在浅层次上进行着，没有思维的碰撞，没有矛盾的激化，也没有情绪的激动，整个课堂成一单线条前进，而没有大海似的潮起潮落，波浪翻涌。

4. 作用失衡，多"控制—服从"的单向型互动，少交互平行的成员型互动

在分析课堂中的师生角色时，我们常受传统思维模式的影响，把师生关系定为主客体关系。于是师生互动也由此成为教师为主体与学生为客体之间的一种相对作用和影响。师生互动大多体现为教师对学生的"控制—服从"影响，教师常常作为唯一的信息源指向学生，在互动作用中占据了强势地位。

（二）互动式教学法及其优点

互动式教学法是指在教师的指导下，利用合适的教学选材，在教学过程中充分发挥教师和学生双方的主观能动性，形成师生之间相互对话、相互讨论、相互交流和相互促进的，旨在提高学生的学习热情与拓展学生思维，培育学生发现问题、解决问题能力的一种教学模式和方法。互动式教学与传统教学相比，最大差异在一个字——"动"。传统教学是教师主动，脑动、嘴动、手动，学员被动，神静、嘴静、行静，从而演化为灌输式、一言堂。而互动式教学从根本上改变了这种状况，真正做到了"互动"——教师主动和学生主动，彼此交替、双向输入，群言堂。而且从教育学、心理学角度，互动式教学有四大优点：

发挥双主动作用。过去教师讲课仅满足于学员不要讲话、遵守课堂秩序、认真听讲。现在教师、学员双向交流，或解疑释惑，或明辨是非，学员挑战教师，教师激活学员。

体现双主导效应。传统教学是教师为主导、学员为被动接受主体。互动式教学充分调动学员的积极性、主动性、创造性，教师的权威性、思维方式、联系实际解决问题的能力

以及教学的深度、广度、高度受到挑战，教师的因势利导，传道授业，谋篇布局等"先导"往往会被学员的"超前认知"打破，主导地位在课堂中不时被切换。

提高双创新能力。传统的教学仅限于让学员认知书本上的理论知识，这虽是教师的一种创造性劳动，但其教学效果有局限性。互动式教学提高了学员思考问题、解决问题的创造性，促使教师在课堂教学中不断改进，不断创新。

促进双影响水平。传统教学只讲教师影响学员，而忽视学员的作用。互动式教学是教学双方进行民主平等协调探讨，教师眼中有学员，教师尊重学员的心理需要，倾听学员对问题的看法，发现其闪光点，形成共同参与、共同思考、共同协作、共同解决问题的局面，真正产生心理共鸣，观点共振，思维共享。

（三）互动式教学法类型

互动式教学作为一种崭新的适应学员心理特点、符合时代潮流的教学方法，其基本类型在实践中不断发展，严格地说，"教学有法，却无定法"。笔者认为，比较适用的互动教学方法有五种方式：

主题探讨法。任何课堂教学都有主题。主题是互动教学的"导火线"，紧紧围绕主题就不会跑题。其策略一般为抛出主题—提出主题中的问题—思考讨论问题—寻找答案—归纳总结。教师在前两个环节是主导，学员在中间两个环节为主导，最后教师做主题发言。这种方法主题明确，条理清楚，探讨深入，充分调动学员的积极性、创造性，缺点是组织力度大，学员所提问题的深度和广度具有不可控制性，往往会影响教学进程。

问题归纳法。将教学内容在实际生活的表现以及存在问题先请学员提出，然后教师运用书本知识来解决上述问题，最后归纳总结所学基本原理及知识。其策略一般程序为提出问题—掌握知识—解决问题，在解决问题中学习新知识，在学习新知识中解决问题。这种方法目的性强，理论联系实际好，提高解决问题的能力快，缺点是问题较窄，知识面较窄，解决问题容易形成思维定式。

典型案例法。运用多媒体等手法将精选个案呈现在学员面前，请学员利用已有知识尝试提出解决方案，然后抓住重点做深入分析，最后上升为理论知识。其策略一般程序为案例解说—尝试解决—理论学习—剖析方案。这种方法直观具体，生动形象，环环相扣，对错分明，印象深刻，气氛活跃，缺点是理论性学习不系统不深刻，典型个案选择难度较大，课堂知识容量较小。

情景创设法。教师在课堂教学中设置启发性问题、创设解决问题的场景。其策略程序为设置问题—创设情景、搭建平台—激活学员。这种方法课堂知识容量大，共同参与性高，系统性较强，学员思维活跃，趣味性浓，缺点是对教师的教学水平要求高、调控能力强，对学员配合程度要求高。

多维思辨法。把现有解决问题的经验方法提供给学员，或有意设置正反两方，掀起辩论，在争论中明辨是非，在明辨中寻找最优答案。其策略程序为解说原理—分析优劣—发展理论。这种方法课堂气氛热烈，分析问题深刻，自由度较大，缺点是要求充分掌握学员基础知识和理论水平，教师收放把握得当，对新情况、新问题、新思路具有极高的分析能力。

互动式教学法是一种民主、自由、平等、开放式教学方法。耗散结构理论认为，任何一个事物只有不断从外界获得能量方能激活机体。"双向互动"关键在于要有教师和学员的能动机制、学员的求知内在机制和师生的搭配机制。这种机制从根本上取决于教师学员的主动性、积极性、创造性以及教师教学观念的转变。

（四）师生互动在高校数学教学中所应具备的条件

数学具有高度的抽象性和严密的逻辑性，这就决定了学习数学有一定的难度。所以，在课堂教学中开发学生大脑智力因数、引导学生数学思维更要求师生间有充分的交流与合作，因而师生互动也表现得更加突出。而在课堂教学中用某种形式取代了传统教法的现象有目共睹。一堂课的教学并不一定是某个特定的教学方法，应该是多种教学思想与教学方法的结合。从这个意义上说，未来数学教学的改革应多强调多种教学方法功能的互补性，朝综合方面发展。即把某些教学方法优化组合，构成便于更好发挥其作用功能的综合教学方法。师生互动并不仅是一种教学方法或方式，而且是新课改中新的教学理念的具体体现。而要想充分发挥师生互动的作用，就必须理解其在数学教学中所应具备的要件。

1. 确立平等的师生关系和理念

师生平等，老师是整个课堂的组织者、引导者、合作者，而学生是学习的主体。教育作为人类的一项重要社会活动，其本质是人与人的交往。教学过程中的师生互动，既体现了一般的人际关系，又在教育的情景中"生产"着教育，推动教育的发展。根据交往理论，交往是主体间的对话，主体间对话是在自主的基础上进行的，而自主的前提是平等地参与。因为只有平等参与，交往双方才可能向对方敞开心扉，彼此接纳，无拘无束地交流互动。因此，实现真正意义上的师生互动，首先应是师生完全平等地参与到教学活动中来。

怎样才有师生间真正的平等，师生间的平等并不是说到就可以做到的，这当然需要教师继续学习，深切领悟，努力实践。如果我们的教师仍然是传统的角色，采用传统的方式教学，学生仍然是知识的容器，那么，把师生平等的要求提千百遍，恐怕也是实现不了的。很难设想，一个高高在上的、充满师道尊严意识的教师，会同学生一道，平等地参与到教学活动中来。要知道，历史上师道尊严并不是凭空产生的，它其实是维持传统教学的客观需要。这里必须指出的是，平等的地位，只能产生于平等的角色。只有当教师的角色转变了，才有可能在教学过程中，真正做到师生平等地参与。教师应是一个明智的辅导员，在不同的时间、情况下，扮演不同的角色：(1) 模特儿。要演示正确的、规范的、典型的过程，又要演示错误的、不严密的途径，更要演示学生中优秀的或错误的问题，从而引导学生正确地分析和解决问题。(2) 评论员。对学生的数学活动给予及时的评价，并用精辟的、深刻的观点阐述内容的要点、重点及难点，同时以专家般的理论让学生折服。指出学生做的过程中的优点和不足，提出问题让学生去思考，把怎样做留给他们。(3) 欣赏者。支持学生的大胆参与，不论他们做得怎么样，抓住学生奇妙的思想火花，大加赞赏。

2. 彻底改变师生在课堂中的角色

课堂教学应该是师生间共同协作的过程，是学生自主学习的主阵地，也是师生互动的直接体现，要求教师从已经习惯的传统角色中走出来，从传统教学中的知识传授者，转变为学生学习活动的参与者、组织者、引导者。学生是知识的探索者、学习的主人。课堂是学生的，教具、教材都是学生的。教师只是学生在探索新知道路上的一个助手，尊重学生的主体地位，建立师生民主平等环境，赋予学生学习活动中的主体地位，实现学生观的变革，在互动中营造一种相互平等、包容和融洽的课堂学习气氛。

现代建构主义的学习理论认为，知识并不能简单地由教师或其他人传授给学生，而只能由每个学生依据自身已有的知识和经验主动地加以建构；同时，让学生有更多的机会去论及自己的思想，与同学进行充分的交流，学会如何去聆听别人的意见并做出适当的评价，有利于促进学生的自我意识和自我反省。从而，数学教育中教师的作用就不应被看成"知识的授予者"，而应成为学生学习活动的促进者、启发者、质疑者和示范者，充分发挥"导向"作用，真正体现"学生是主体，教师是主导"的教育思想。所以课堂教学过程的师生合作主要体现在如何充分发挥教师的"导学"和学生的"自学"上。而彻底改变师生在课堂中的角色，就要变"教"为"导"、变"接受"为"自学"。

举个例子，在高校数学教学中，讲这个重要极限公式时，就可以让学生自己用数形结合的思想推出结论，这样利用已学知识尝试解决，攻克疑难问题，学生对本节课的知识点就相当明确，"自学"的过程实际上是在运用旧知识进行求证的过程，也是学生数学思维得以进一步锻炼的过程。所以，改变课堂教学的"传递式"课型，还课堂为学生的自主学习阵地是师生双边活动得以体现、师生互动得以充分实现的关键。

总之，教师成为学生学习活动的参与者，平等地参与学生的学习活动，必然导致新的、平等的师生关系的确立。我们教师要有充分的、清醒的认识，从而自觉地、主动地、积极地去实现这种转变。

3. 建立师生间相互理解的观念

教学过程中，师生互动，看到的是一种双边（或多边）交往活动，教师提问，学生回答，教师指点，学生思考；学生提问，教师回答；共同探讨问题，互相交流，互相倾听、感悟、期待。这些活动的实质，是师生间相互的沟通，实现这种沟通，理解是基础。

有人把理解称为交往沟通的"生态条件"，这是不无道理的，因为人与人之间的沟通，都是在相互理解的基础上实现的。研究表明，学习活动中，智力因素和情感因素是同时发生、交互作用的。它们共同组成学生学习心理的两个不同方面，从不同角度对学习活动施以重大影响。如果没有情感因素的参与，学习活动既不能发生也难以持久。情感因素在学习活动中的作用，在许多情况下超过智力因素的作用。

教学实践显示，教学活动中最活跃的因素是师生间的关系。师生之间、同学之间的友好关系是建立在互相切磋、相互帮助的基础之上的。在数学教学中，数学教师应有意识地提出一些学生感兴趣并有一定深度的课题，组织学生开展讨论，在师生互相切磋、共同研究中来增进师生、同学之间的情谊，培养积极的情感。我们看到，许多优秀教师的成功很大程度上是与学生建立起了一种非常融洽的关系，相互理解，彼此信任，情感相通，配合默契。教学活动中，通过师生、生生、个体与群体的互动，合作学习，真诚沟通。老师的一言一行，甚至一个眼神、一丝微笑，学生都心领神会。而学生的一举一动，甚至面部表情的些许变化，老师也能心如明镜，知之甚深，真可谓心有灵犀一点通。这里的灵犀就是我们的老师在长期的教学活动中与学生建立起来的相互理解。

4. 在教学过程中师生互动的应用

在教学过程中，师生之间的交流应是"随机"发生，而不一定要人为地设计出某个时间段老师讲、某个时间段学生讨论，也不一定是老师问学生答。即在课堂教学中，尽量创设宽松平等的教学环境，在教学语言上尽量用"激励式""诱导式"语言点燃学生的思维火花，尽量创设问题，引导学生回答，提高学生学习能力及培养学生创设思维能力。

古人常说，功夫在诗外（是指学习作诗，不能就诗学诗，而应把功夫下在掌握渊博的知识，参加社会实践上）。教学也是如此，为了提高学术功底，我们必须在课外大量地读书，认真地思考；为了改善教学技巧，我们必须在备课的时候仔细推敲、精益求精；为了在课堂上达到"师生互动"的效果，我们在课外就应该花更多的时间和学生交流，放下架子和学生真正成为朋友。学术功底是根基，必须扎实牢靠，并不断更新；教学技巧是手段，必须生动活泼，直观形象；师生互动是平台，必须师生双方融洽和谐，平等对话。如果我们把学术功底、教学技巧和师生互动三者结合起来，在实践中不断完善，逐步达到炉火纯青的地步，那么我们的教学就是完美的，我们的教学就是成功的。

建立体现人格平等、师生互爱、教学民主的人文气息，促进师生关系中的知识信息、情感态度、价值观等方面相互交融，就必须不断加强师生的互动。在尊重教师的主导地位，发挥教师指导作用下，必须给学生自主的"五权"，即"发言权""动手权""探究权""展示权""讨论权"，凸显学生的主体地位。在互动中，教师和学生可以相互碰撞，相互理解；教师在互动中激励和唤醒学生的自主学习、主动发展，学生在互动中，借助教师的引导，利用资源，得到发展。只有充分认识师生互动双方的地位，才能促进学生学习方式的转变和教师教学理念的更新，只有充分发挥互动的作用，才能促进师生之间、生生之间的有效互动，才能收到事半功倍的教学效果，才能促进师生的和谐发展与进步。

（五）互动式教学的程序

互动式教学法在高校数学教学中一般可分为六个阶段：

1. 预习阶段

预习阶段即课前预习，是老师备课、学生预习的过程。老师根据学生的个性差异备好课，学生根据老师列出的预习提纲和内容进行自我研究，或者同学之间互相探讨，从中寻找问题、发现问题、列出问题。对于学生暴露出来的问题，教师做详细分析，并对这些问题如何解决提出对策和方法，进行"二次备课"。

2. 师生交流阶段

这一环节是上一环节的升华。教师要组织学生针对普通的问题，结合教材，归纳出需要交流讨论的问题，然后提出不同看法并进行演示，共同寻找解决问题的办法，倡导学生主动参与、乐于探究、勤于动手，培养学生获取知识、解决问题以及交流合作的能力。

3. 学生自练阶段

学生根据师生交流的理论知识和师生演示提供的直观形象，进行分组练习，互相探讨，老师巡回指导，为学生提供了充分的活动和交流的机会，帮助学生在自主探究过程中真正理解和掌握。

4. 教师讲授阶段

这一阶段是师生进行双边活动的环节，是课堂教学的主导。在自练之后教师进行讲解，突出重点、难点，让每个学生反复思考，积极参与到解决问题中来，充分发挥民主，各抒己见。而学生则根据老师的讲解、示范不断改进，直到解决问题为止。这一环节要求老师有精细的辨析能力和较高的引导技巧。

5. 学生实践阶段

练习是课堂教学的基本部分，充分体现了以学生为主体的教学过程。在教学过程中，老师有目的地引导学生将所学知识技能应用到实践中，采用自发组合群体的分组练习方法以满足学生个人的心理需求，并尽可能安排难度不一的练习形式，对不同层次的学生提出不同层次的要求，尽可能为各类学生提供更多的表现机会。练习的方式要做到独立练习和相互帮助练习相结合，使学生在练习中积极思考、亲自体验，并从中找到好的方法与经验，从而提高学生应用问题和解决问题的能力。

6. 总结复习阶段

此阶段是课堂教学的结束及延伸部分，在教学中，学生可以自由组合，互相交流，互相学习，这样既可以培养学生的归纳能力，又能够使身心得到和谐的发展。最后老师画龙点睛，总结本课优缺点以及存在的问题，并布置课后复习，要求学生在课余时间对所学的内容进行复习，加强记忆。

总之，高校数学是成人院校和职业院校的一门重要基础课，它对于学生后续课程的学习有重要的作用。在高校数学课程教学中，应用互动式教学，使学生由被动变为主动，既提高了学习兴趣，同时也增进了老师和学生之间的沟通与交流，在高校数学教学中，互动式教学法不失为一种好的教学方法。

四、翻转课堂教学模式的运用

（一）翻转课堂教学模式解析

狭义的"翻转课堂"指的是为学生制作与课程相关的短小视频布置给学生作为课前自主学习的任务，而广义上的"翻转课堂"包括布置给学生课前或课后自学的主要学习资料和任务，而在课堂上老师要进行的则是针对学生在自学过程中遇到问题的答疑、解惑、讨论和交流的学习模式。在翻转课堂中，教师的角色不再单单是课程内容的传授者，更多地变为学习过程的指导者与促进者；学生从被动的内容接受者变为学习活动的主体；教学组织形式从"课堂授课听讲+课后完成作业"转变为"课前自主学习+课堂协作探究"；课堂内容变为作业完成、辅导答疑和讨论交流等；技术起到的作用是为自主学习和协作探究提供方便的学习资源和互动工具；评价方式呈现多层次、多维度。

（二）关于翻转课堂内容的选择

翻转课堂内容的选择也是有方法和技巧的，对于学得比较好的班级，应该选择综合性比较强，包含知识点多的章节作为翻转内容，这样学生在课下学习的过程中会主动地去翻书，查找资料，复习和学习更多的内容。前期，老师对问题的选择也很重要。教师要选择和学生生活、学习以及专业相关的问题。例如财会的学生，可以选择和经济相关的内容，土木工程和工程管理专业的学生可以选择和积分相关的内容。

（三）教师前期准备工作

在翻转课堂的实施过程中，教师前期的准备工作显得尤为重要。前期要进行翻转内容的筛选、材料的搜集，视频和PPT的制作，作业的布置，学习流程指导等，完成以后将所准备的材料打包放到班级群共享或者网络平台上供全班同学参考观看。在做好上课前的预习准备工作的同时，将全班同学进行分组，并为各个小组分配好具体任务。当然，在这期间，小组长要跟老师进行沟通，寻求参考意见和帮助，目的是让整个课程的设计流程更加流畅，环节更加缜密，效果更为理想。教师最好在前一次课给出具体的要求以及下一次课将要考查的内容，让学生提前学习做好准备，同时针对学习方法给学生提出意见和建议。

（四）课堂翻转过程

根据翻转课堂的宗旨，课堂将转换为教师与学生的互动，以答疑交流为主，教师要帮助学生消化课前学习的知识，纠正错误，加深理解。因此在课堂教学中，第一阶段主要任务是答疑和检查学生的学习效果，针对翻转章节，将内容细化为7~10个知识点，随机抽取各个小组来讲解自己的答案，在这一过程中，极大地激发了学生的学习兴趣，大多数小组会制作出非常精美PPT和课程报告。这一部分的讲解将使部分学生完成对知识点的吸收和内化，为第二阶段打下牢固的基础。第二阶段主要为教师的点评和学生学习效果检验过程。后期针对学生的讲解老师要认真点评，不但要肯定学生的学习态度和能力，还要给出有效的建设性意见，对学生的学习有一定的鼓励作用。同时要针对翻转内容让学生做一个20分钟左右的小测验。

（五）基于翻转课堂教学模式的高校数学教学案例研究

1. 教学背景

曲线积分是高校数学的重要内容，主要研究多元函数沿曲线弧的积分。曲线积分主要包括对弧长的曲线积分和对坐标的曲线积分。对坐标的曲线积分是解决变力沿曲线所做的功等许多实际问题的重要工具，在工程技术等许多方面有重要应用。格林（Green）公式研究闭曲线上的线积分与曲线所围成的闭区域上的二重积分之间的关系，具有重要的理论意义与实际应用价值。

2. 教学目标

课程教学目标包括以下三个方面。

（1）知识目标。理解和掌握格林公式的内容和意义，熟练应用格林公式解决实际问题，了解单连通区域和复连通区域的概念，理解边界线方向的确定方法。

（2）能力目标。通过实际问题的分析和讨论，增强学生应用数学的意识，培养学生应用数学知识解决实际问题的能力，通过推导和证明，培养其严格的逻辑思维能力。

（3）情感目标。通过引入轮滑等身边实例，使学生认识到所学数学知识的实用性，结合生动自然的语言，激发其学习数学的兴趣。

3. 教学策略

（1）采用线上线下相融合的翻转课堂教学模式。课前线上学习、小组讨论，课上教师讲解、学生汇报，师生讨论、深化提高。

（2）采用以问题为驱动的教学策略。以轮滑做功问题引入，围绕下列问题渐次展开：第一，什么是单连通区域、复连通区域？如何确定边界曲线的正向？第二，格林公式的条件和结论分别是什么？如何证明？第三，格林公式的具体应用。

（3）采用实例教学法，激发学生学习兴趣。利用生活中的滑轮问题，引入力、路径和功之间的关系，激发学生兴趣；然后提出计算问题，使其认识到探索新方法的必要性，引导学生主动思考和应用格林公式。

（4）采用典型例题教学法，巩固教学重点。通过分析典型例题，使学生深入理解格林公式在计算第二型曲线积分中的作用。学生通过分析典型例题的求解思路和方法，融合比较分析技术，自己总结规律和技巧，掌握格林公式的应用，同时巩固格林公式的理论和方法。

4. 教学过程

（1）问题导入——轮滑做功问题

例1：假设在轮滑过程中，滑行路线为 $L:(x-1)+y=1$，求逆时针滑行一周前方对后方所做的功。

分析：该问题是变力沿曲线做功问题。

由第二类曲线积分的计算方法，令 $x=1+\cos t, y=\sin t$，请学生思考，如何计算该定积分？学生讨论后发现，积分求解困难，统一变量法失效，发现化为定积分方法的局限性。求解这样一个闭曲线上的积分，需要寻求新的方法，这就是格林公式，从而引出本节教学内容。

板书本节课的主要问题（后续教学紧紧围绕这三个问题展开）。

第一，什么是单连通区域、复连通区域？如何确定边界曲线的正向？第二，格林公式的条件和结论分别是什么？如何证明？第三，格林公式的具体应用。

（2）单（复）连通区域

在讨论格林公式之前，先讨论关于区域的基本概念。通过平面封闭曲线围成平面区域这一事实，引入平面区域的分类和边界线的概念。

请学生汇报网上学习的情况。有学生主动要求汇报，学生在黑板上画图并通过图形叙述了单（复）连通区域的概念以及边界曲线正向的确定方法。

教师对学生汇报情况加以肯定，强调复连通区域内外边界线方向的不同，并进一步拓展为内部有多个"洞"的情况。

(3) 格林公式

我们知道平面区域对应着二重积分，而其边界线对应着曲线积分，这两类积分之间有什么关系呢？

请学生根据线上学习情况汇报。有学生带事先准备好的讲稿主动要求到讲台上讲解。先板书定理内容，然后画图，结合图形分析证明思路。要求学生仅针对区域既是 X 型又是 Y 型的情况进行证明。利用积分区域的可加性，其他情况可以类似证明。

教师提问：定理的条件为什么要求被积函数具有一阶连续偏导数呢？

学生讨论后发现：定理证明过程中用到了偏导数的二重积分，因而要求连续。

教师提问：格林公式对复连通区域成立吗？

师生共同讨论：通过给一个具体区域形状，根据分割方法，将一般区域问题化为几个简单问题。利用对坐标的曲线积分的性质，可以证明，格林公式同样成立。

为了便于记忆，我们把格林公式的条件归纳为："封闭""正向""具有一阶连续偏导数"。

(4) 格林公式的具体应用——典型例题分析

①直接用格林公式来计算。例 1 轮滑做功问题求解，让学生体会格林公式的作用，回应问题引入。

②间接用格林公式来计算。

例 2 计算对坐标的曲线积分 $(e\sin y+my)dx+(e\cos y-m)dy$，其中 L 是上半圆周 $(x-a)^2+y^2=a^2$，$y \geq 0$，沿逆时针方向。

教师提问：能否直接使用统一变量法？若不能，能否利用格林公式？

学生回答：不满足格林公式的条件。

教师进一步启发：能否创造条件，使之满足定理的条件？

通过师生共同分析：采取补边的办法。

③被积函数含有奇点情形。

例 3：计算曲线积分。其中 L 为一条无重点、分段光滑且不经过原点的连续闭曲线，取逆时针方向。

分析：L 为一条抽象的连续闭曲线，其内部可能包含原点，也可能不包含原点。若包含原点在内，则原点为被积函数的奇点，不能直接使用格林公式。

师生共同探讨：采取"挖去"奇点的办法解决。

(5) 内容总结。

课堂总结复习，回顾格林公式的内容和求闭曲线上的线积分的基本方法。

布置课后作业，掌握格林公式的应用。重点复习格林公式的理解和应用。

5. 教学反思

课题教学从实际问题出发，导出问题，分析问题，围绕问题展开讨论。采用了线上线下相融合的翻转课堂教学模式，通过课前线上学习、课堂汇报，充分体现了学生的主体地位，发挥了学生学习的积极性和主动性。课堂教学运用了问题驱动的教学方法，层层递进，环环相扣，知识内容一气呵成。重点强调了公式的条件和应用方法。但在学生汇报环节，个别学生参与度不够，体现出线上学习不够深入。

五、"三合一"教学模式的运用

（一）高校数学"三合一"教学模式

高校数学"三合一"教学模式主要是指在高校数学的教学过程中，设计一些有针对性的实验课内容，将数学建模、Matlab 辅助求解融入高校数学的教育教学中。它与传统的高校数学、数学建模、数学实验（Matlab 操作）三门课独立教学完全不同，是将数学建模方法、Matlab 辅助求解融入高校数学的教学中，旨在促进学生更加深入地理解数学思想内涵，简称"三合一"教学。

（二）高校数学"三合一"教学的方案设计

为了将传统的高校数学、数学建模、数学实验三门课程的教学目标有机地融合在一起，使得学生能够更好地理解数学知识，增强数学应用意识，感受数学计算的便捷性，高校数学"三合一"教学模式主要侧重在原来的单一的理论课的讲授方式上再加入三种实验课形式：概念形成体验课、数学辅助计算工具体验课、数学建模应用体验课。

1. 概念形成体验课

高校数学课程中的导数、定积分这两个概念就适合用体验式的学习方式，由于概念描述篇幅很长，思路较为烦琐，又涉及极限思想，所以在普通教学模式下，学生学完后对导数和定积分的本质还是不清楚，而采用概念形成体验课就能让学生对概念表示的式子理解得更加深刻。

2. 数学辅助计算工具体验课

一直以来，高校数学课程的教学给人的印象就是极限、导数、积分的计算技巧训练课，其中的运算烦琐且困难，很多学生就是在漫长的计算训练中慢慢失去了对数学的兴趣和信心。数学辅助计算工具体验课是学生在完成基本概念和基本运算的学习后，到实验室体验数学软件的辅助计算功能，体验有了工具辅助后数学运算的便捷性。如在完成极限、导数、积分的概念与运算的学习后，推荐学生应用 Matlab 进行极限、导数、积分计算，利用 Matlab 可以非常快捷地得到结果，不需要考虑具体表达式的计算技巧。这样，学生就可以避免枯燥和烦琐的计算，节省出大量的精力和时间，以轻松心态了解极限、导数、积分的基本思想方法。

实验的具体设计：

（1）实验目的：熟悉 Matlab 中的求极限、导数、积分命令（limit、diff、Int）。

（2）实验内容：选取常见初等函数结合重要极限性质进行计算；对复合函数、隐函数求导；极值和最值问题；积分的换元、分部积分方法等。利用编程简化计算过程，熟悉常见指令的使用方法，从而实现利用 Matlab 帮助解决实际数学问题。

数学辅助计算工具体验课的设计意图是为学生提供一种快速进行微积分计算的新途径，节省计算的时间，把学生的学习重点引导到微积分的核心思想上。这种实验体验课所占课时较少，但是培养学生实践能力的效果突出。学生能够利用软件工具，掌握基本操作命令，熟悉编程的基本步骤，就可以实现辅助计算。

3. 数学建模应用体验课

数学建模是数学应用的重要形式，主要通过实际背景提出问题、建立数学模型、应用适当方法求解问题等一系列过程，促进学生理解数学基础知识、提高综合应用能力。高校数学课程中导数的应用、积分的应用、微分方程等模块的内容就适合设计数学建模应用体验课，学生通过亲自动手，体验数学知识并结合实际生活，拉近抽象知识与现实的距离，将数学方法和思想深刻植入心中，影响深远。

数学建模应用体验课的具体设计以"椅子在地上能不能放稳？"建模练习为例。

（1）实验目的：了解建立实际问题的数学模型的一般过程；感受数学与现实的关系，体会学好微积分知识的重要性。

（2）问题导入：在日常生活中有这样的现象：椅子放在不平的地面上，通常只有三只脚着地，然而只需稍微挪动几次，一般都可以使四只脚同时着地，建模说明此种现象。

（3）建立数学模型：模型假设、建立模型、模型求解、评注和思考。经过假设，将生活中椅子四脚着地的问题抽象为数学问题。

模型的求解即用连续函数的基本性质（零点定理）证明上面的数学问题。

（4）实验总结：感受零点定理在实际生活中的应用，学习数学建模的方法。

数学建模应用体验课的设计意图：主要是通过从实际问题到数学问题的抽象、求解，再回到解释说明实际现象的思维过程体验，使得学生对数学知识的本质认识得更加深刻、形象，原来课程中枯燥无趣的数学定理、计算方法，有了对应思维数学模型后，变得生动立体起来，学生理解和记忆就变得简单。有时在求解数学模型的过程中还要借助数学软件才能很好地计算出结果，这也锻炼了学生的计算机计算能力。

三种体验课：概念形成体验课、数学辅助计算工具体验课、数学建模应用体验课是配合理论课的学习而设计的，其设计的具体教学过程的最终目的是使学生更好地理解数学的基本理论知识，体会数学的应用价值，提高利用计算机进行辅助探究的综合能力。通过进行数学实验的体验，使得抽象的数学概念公式具体化；数学辅助计算工具体验课通过数学软件的辅助，快速地进行微积分运算，使得烦琐的数学运算变得轻松愉快；数学建模应用体验课通过构建数学模型的练习，让学生所学的知识踏实落地，使数学与现实水乳交融。总之，所有的体验都是为了让学生从传统的数学学习的"记、背、算"的模式中解脱出来，真切地领会数学的核心思想方法，直接感悟数学的深邃理论，使学生最终获得持续永久的数学思维能力，并且通过数学实验的体验操作，提升学生参与数学课堂的热情，激发学生对高校数学的学习兴趣。

第五章　大学生数学创新能力培养

第一节　大学生数学创新能力的重要性

创新是一个民族进步的灵魂，是国家兴旺发达的不竭动力。一个没有创新能力的民族难以屹立于世界先进民族之林。处在大发展、大变革、大调整时期的当今世界，世界多极化、经济全球化使世界经济格局发生新变化，综合国力竞争和各种力量较量更趋激烈，世界范围内生产力、生产方式、生活方式、经济社会发展格局也正在发生深刻变革。这种急剧变化使创新成为经济社会发展的主要驱动力，知识创新成为国家竞争力的核心要素。在这种大背景下，各国为掌握国际竞争主动权，纷纷把深度开发人力资源、实现创新驱动发展作为战略选择。我国明确提出要建设创新型国家，在知识经济条件下，经济和社会的发展，不仅取决于人才的数量和结构，更取决于人才的创新精神与创新能力。大学生作为国家培养的高层次人才，理应成为建设创新型国家的实践者，成为我国实现人才强国的生力军，肩负着建设创新型国家的历史使命。[①]

一、大学生面临世界人才竞争的格局

经济发展靠科技，科技创新靠人才，人才培养靠教育，这是现代社会发展的趋势，也是现代社会发展的逻辑。但在这种发展趋势与发展逻辑中，呈现出竞争的复杂格局。

（一）人才的国际性流动与竞争

人才的国际性流动与竞争，既表现在各国对培养人才的高度重视上，也表现在各国对人才的相互争夺上。

1. 人才是国际竞争的焦点

近年来，围绕高新技术人才的争夺战正在全球范围内展开。未来国与国之间的竞争，归根到底是知识和人才的竞争。在经济全球化进程中，每个国家都十分重视对人才资源的开发，对培养及留住本国人才已经达成共识，对吸纳别国人才也高度重视。世界范围内的

---

① 韩江水. 大学创新能力培训教程[M]. 徐州：中国矿业大学出版社，2005.

人才整体性和结构性短缺，引发人才争夺战的白热化。西方国家为了取得人才资源争夺战中的优势地位，不断调整国际人才争夺的战略与策略。

世界各国尤其是发达国家从保护自身利益和长远安全出发，纷纷制定了人才战略及人才安全的法律与制度保障体系。美国制订了"培养21世纪美国人"的计划；日本提出了"培养世界通用的21世纪日本人"；加拿大制订了"21世纪接班人"计划等。美、日等发达国家还在人才策略上"先声夺人"。他们在纷纷制定人才战略的同时，又在人才策略上大显身手，推出"人才本土化"策略、"温柔人性"策略等，以争夺和稳定优秀人才。

美国智库人才来源渠道多元，包括刚毕业的硕士和博士、政府卸任的官员、大学的专家、企业界的精英和其他智库的专家等。美国智库在各类人才的选拔与任用方面机制相当灵活，首先，通过实习生制度，选拔高校优秀毕业生。如兰德公司设立了专门管理部门从事实习生招募、培养和管理工作，每年都会选择一些优秀的博士到该公司实习，实习表现优异的人将成为兰德公司未来的研究人员。胡佛研究所的研究项目都设有研究实习生的职位，为项目研究提供最为基础的研究资料和数据。其次，通过"旋转门"机制，吸纳政界、商界、学界、新闻界精英进入智库工作。通过"旋转门"，具有丰富的政治阅历、了解政治现实的政府官员成为智库学者，既有助于产生有实际价值的研究成果，又能够提升智库在政策领域的公信度。比如，美国对外关系委员会的成员中曾任国务卿的有十多位，曾任财政部长、国防部长和副部长的也有数十位。布鲁金斯学会的200多名研究员中一半以上具有政府工作背景，其中担任过驻外大使的就有6位。最后，通过外聘、访问学者、工作小组、项目合作等方式，从高校、企业和其他智库，聘请学界专家、业界精英到智库兼职，提高智库影响力。如彼得森国际经济研究所的顾问委员会吸纳了诸多政、商、学等各界外国高层。胡佛研究所80%以上的研究人员在斯坦福大学其他院系担任不同职称的教师，研究所还通过访问学者、工作小组等方式聚集相关领域内外不同学科背景的专家开展合作研究，涉外专家比例高达50%，大大提高了研究所的研究能力。美国大部分的智库在人才队伍构建上坚持专兼结合的原则，采取灵活的用人方式，保持一定的人员流动性，确保人才队伍的生机与活力。

不仅是美国，英国也审时度势，根据国际、国内人才状况，在人才政策上进行了一些调整。英国政府规定，对高科技研究、基础研究和高等教育研究领域有突出贡献的人才，实行倾斜政策，国家将拨出专款大幅度提高他们的工资待遇，其中由英国政府认定的几百名杰出人才的年薪将达到10万英镑以上。同时，政府对人才的定义更加灵活，不再局限于获得硕士学位以上的人，而是覆盖面更加广泛，包括金融、科技、教育、信息、法律、医学等各个领域中有一技之长的人。

为了填补巨大的高新技术人才缺口，德国近年来相继出台了一系列政策。德国坚持引进与培养并举、留住与用好并重的原则，修改和完善《移民法》，改革奖励制度，打造了一系列人才吸引计划。

日本提出了"培养世界通用的 21 世纪日本人"的战略，并采取各种措施，要使外籍科研人员总数的比例在今后几年内达到全国科研人员总数的 30%。有资料显示，日本每年仅从中国聘用工程师就达数千人，而且无一例外全部是计算机软件开发研究人员。

芬兰则出台了一项新政策，芬兰境内掌握高科技技术的外国人，税率可以降低到当地纳税人的 58%。

2. 人才国际流动的趋势

人才跨国流动是人才在国家之间的流动，是国际移民流动的一部分。20 世纪末以来，以信息技术为代表的新技术革命的深入发展，使人类社会进入知识经济时代。同时，经济全球化进程迅速推进。这些变化推动着人才跨国流动日益频繁，跨国人才竞争日益激烈。

人才跨国流动也就是国家之间的人才交换，这种交换同商品或劳务贸易一样，都是双向的。当一个国家在一定时期内的人才输出量远高于人才输入量时，便出现了人才流失；相反，便出现人才收益。人才流失概念在 20 世纪 60 年代被提出时，就是用来强调欧洲特别是英国的人才向北美的流失，后来则主要是用来强调发展中国家的人才向西方发达国家的流失。目前，欧盟国家向美国的人才流失仍然存在，发展中国家向西方发达国家的人才流失依然是人才跨国流动中的突出现象。

其一，欧盟国家向美国的人才流失。20 世纪 60 年代，英国化学家约翰·波普尔前往美国从事研究并在那里获得诺贝尔化学奖。因为他的离开，英国议会对政府提出了不信任案，差点让政府倒台。但从那以后，欧盟顶尖人才流失的势头并没有得到遏制，反倒有增强的趋势。欧盟国家的学术科研机构和高校倾向于保守，外国人才很难进入欧盟工作。尤其是在南欧国家，外来科研人员即使有很强的科研能力，也很难获得较高的学术地位。为改变欧洲人才向美国流动的趋势，2003 年欧盟委员会提出了一个吸引高级科研人才的计划：要求欧盟国家至少拿出国内生产总值的 3% 作为科研投入，在欧盟范围内建立对研究人员能力和成绩进行评估的共同标准，让科研人员在不同国家之间的相互流动更为便利，为外国科研人员到欧盟工作提供方便。

其二，发展中国家向发达国家的人才流失。发展中国家向发达国家的人才流失是人才流动中的一个非常明显的现象。

其三，人才流失的其他方向。欧盟人才向美国的流失属于发达国家的人才流失现象。事实上，不仅欧盟，其他发达国家在对某些发达中国家的人才交换中也存在人才流失。例如，加拿大也存在着向美国的人才流失现象。需要指出的是，发达国家的人才流失不一定是真正的人才流失，因为发达国家人才在向其他发达国家流失的同时，也吸引着发展中国家的大量人才，在对发展中国家的人才交换中，发达国家往往是人才受益者。即使如此，加拿大、澳大利亚等发达国家对其人才流失现象也十分担忧和重视。

此外，独联体国家和东欧国家向西方国家的人才流失也比较引人注目。在流出人口中大部分是知识分子。东欧国家人才向西欧的流失也十分严重。独联体国家和东欧国家向西方的人才流失主要是由社会主义制度的阶梯所导致的工作机会减少、科研投入降低、生活水平下降以及其他的社会后果所引起的，这是不同于其他地区人才流失现象的一个突出特点。

其四，中国的人才流失。改革开放以来，中国的人才流失一直十分严重。人才流失最主要的渠道是学生和科研人员出国留学。

全球化时代，人才流动趋势成为备受关注的话题，以人才资源为核心的全球价值链也正在形成。福布斯在深圳发布《2018全球人才流动和资产配置趋势报告》中，揭开"人才环流"这一全球人才流动的新动向，人才回归和全球化的协作渐成趋势。这份报告认为，留学就业、技术移民、阶段性流动以及人才回流是目前国际人才流动的四大常见形式，涵盖了国际人才资源生产、流通、发展的全过程。人才的流动促进资本的流动，同时以人才资源为核心的全球价值链也能因此得以形成。

报告中揭开一种新现象：全球经济增长多元化发展驱动形成"人才环流"。福布斯中国30岁以下精英峰会在深圳，其中1/3的创业精英来自斯坦福、MIT等海外名校。福布斯中国主编康健说："海外的人才在中国经济发展中做出贡献，他们在中国开展业务的同时，他们的合伙人在美国硅谷来进行全球的协同合作。"

"人才支撑着中国未来将产生非常大的潜力。"康健认为，全球人才发展经历从人才流失到人才溢流再到人才环流三个阶段，过往人才是从自己所不能承载的地方，流入到一些能够承载这些人才的地方。而今天出现的人才环流状态不是简单的单向流动。例如深圳企业华为有超过10万名员工在海外工作，他们中又有相当部分是在海外聘请的高管，外籍人才和海归人才，同时还有深圳总部派出的大量人才。

伴随这一趋势出现的是人才流动虚拟化比重加大，人才在地理空间转向虚拟空间，工作的模式多变，可以进行全球化的运作、工作外包等，人才柔性流动正在加大。

人才流动的速度在持续提高，流动范围也在扩大，很多新型国家在大量进行人才流动。跨国公司在人才流动的过程中占据非常重要的地位，全球6万家跨国公司有50万个分支机构。此外，全球化的城市是人才流动的枢纽，包括纽约、伦敦、上海、香港等地。

"人才聚集决定全球城市竞争力，人才能不能流入一个地方，它构成这个城市竞争力最核心的部分。"康健这样说。外联出国顾问集团执行总裁张博也认为，全球化的人才流动，首先意味着人的活动半径越来越大。当一个人的学习、工作、生活的半径越来越大时，往往意味着他的视野也越来越宽、格局越来越高，甚至维度可能也得到升级。

3. 确立面向国际竞争的人才视野

当前，全球经济的增长方式已由传统的工业化经济方式向以知识为基础的经济方式转变。据推算，经济合作与发展组织（OECD）主要成员国国内生产总值的 50% 以上是以知识为基础进行生产的。知识的生产载体和传播载体是创新人才，从这个已经达到"控股"比例的简单百分数上的变化，我们可以清楚地看到，主宰世界经济增长的基本资源已开始由传统的物质资源向人才资源转变。美国斯坦福国际研究所所长米勒教授指出知识经济就是人才经济。正是有了世界一流的创新型人才，美国才会出现以知识经济为内涵的"新经济"，人才出现连续十多年的低通胀和高就业，美国企业的利润才会滚滚而来。这些都充分表明，无论是自然资源、资本资源还是信息资源，都是在人才资源的作用下才得以转化的。因此，人才资源，特别是位于尖端的创新人才资源，已经成为新一轮国家竞争的焦点，成为世界经济增长的发动机，主宰着 21 世纪的经济发展，各国人才竞争的根本原因在于经济利益的驱使。

当今世界多极化和经济全球化不断发展，国际政治、经济、军事和意识形态等方面的竞争日趋激烈。特别是加入 WTO 后，我国面临的竞争全面升级，竞争的"战场"从中国市场延伸到世界市场。这犹如逆水行舟，不进则退。现代人才只有确立面向国际竞争的视野，坚持自主创新，主动参与国际竞争，大力提高国际竞争力，才能求得更好的生存和发展，为中华民族的伟大复兴贡献力量。

（二）现代人才的自主创新特点

1. 现代人才培养的时代背景

社会发展的日新月异，为现代人才的成长提供了一个具有鲜明时代特征的平台。在经济全球化迅速推进、科技创新日新月异、高等教育国际化步伐加快的时代背景下，人才培养既面临更多的机遇，也面临更大的挑战。

第一，科技创新背景。20 世纪 90 年代以来以信息技术革命为中心的高新技术迅猛发展，不仅冲破了国界，而且缩小了各国和各地的距离，使世界经济越来越融为一个整体，经济全球化成为世界经济发展的一种重要趋势。所谓"经济全球化"，即以市场经济为基础，以先进科技和生产力为手段，以发达国家为主导，以最大利润和经济效益为目标，通过分工、贸易、投资、跨国公司和要素流动等，实现各国市场分工与协作、相互融合的过程。经济全球化有利于资源和生产要素在全球的合理配置，有利于资本和产品在全球的流动，有利于科学技术的全球性扩张，有利于促进不发达地区经济的发展，是人类发展进步的重要条件，是世界经济发展的必然结果。但经济全球化对于每个国家来说，都是一把双刃剑，既是机遇，也是挑战。特别是对经济实力薄弱和科学技术比较落后的发展中国家，面对全球性的激烈竞争，所遇到的风险、挑战将更加严峻。

在经济全球化迅速发展、国际竞争日益激烈的形势下，只有不断提高国家自主创新能力,不断发展先进科技和生产力,才能在竞争中立于不败之地。国家自主创新能力的提高,需要大批高素质人才提供"智力支持"。整合信息能力、竞争协作能力、科学决策能力、开拓创新能力等,是现代人才适应经济全球化趋势的基本素质要求。

科技创新作为科技发展的一条主线,从20世纪40年代以后,正在以前所未有的速度和规模向前发展,科技创新成了经济增长的主要动力和源泉。

首先,技术进步在经济增长中的贡献率日益增大。早期的经济增长,是稀有资源、资本、劳动的大量投入,以劳动力密集型产业和资本密集型产业为主,经济增长率在19世纪之前,技术进步的贡献率仅占20%左右,80%是由劳动增长率和资本增长率做出的。但进入20世纪以后,技术进步的贡献率显著提高,在现代一些发达国家已达到80%以上。其根本原因就在于科技发展的巨大推动,加快了技术创新步伐,科学技术的生产力功能空前发挥,成为经济增长的主要动力和源泉。当前经济竞争的实质就是科技竞争,谁拥有了技术创新的强大能力,谁就处于竞争的优势地位。

其次,劳动者正由体力型向科技型、知识型转变。农业时代,80%的劳动力从事农业生产,才能解决吃穿问题;而工业时代,只需要20%的劳动力从事农业生产,80%的劳动力转向工业、服务业;到了后工业社会后知识经济时代,从事工农物质产品生产的劳动力只有20%,80%的劳动力转向以知识为中心的服务产业。科学技术的发展,推动着劳动者由体力型向科技型、文化型方向发展,呈现出智力化趋势。

面对科技创新的机遇和挑战,发展中国家要缩短与发达国家的差距,最根本的措施在于把创新的运用与扩散摆在首位,加快国家创新体系的建立,在强化自主创新的基础上,博采众家之长,走综合创新之路。

第二,高等教育国际化背景。高等教育国际化是21世纪教育与发展的三大特征之一。高等教育国际化并非新的现象,然而自20世纪90年代以来,世界经济一体化进程、网络社会与信息社会的兴起、全球问题与未来一代的全球观等因素推动了新一轮高等教育国际化浪潮。

高等教育国际化内容十分丰富,并因时代发展而不断扩展。

新一轮的高等教育国际化包括三个方面:首先,人员的国际流动。人员的国际流动是高等教育国际化最基本也是最活跃的因素之一。人员的国际流动包括学生和教师的流动。学生国际流动主要指大学生在世界范围内的流动,一方面欧美诸国积极吸引外国学生;另一方面也积极向外国派遣本国学生。其次,国际化课程的增设。国际化的课程是一种为国内外学生设计课程,在内容上趋向国际化,旨在培养学生在国际化和多元文化的社会工作环境下生存的能力。例如,美国教育家普遍赞同课程的国际化,不仅开设更多的外语课程或学习有关其他国家历史、地理等知识,更重要的是以国际视野建构课程体系,用国际视野教育、帮助学生了解世界的变化,使他们在国际上更具竞争力。最后,加强国际学术交流与合作。目前，国际学术交流与合作主要有以下几种方式：一是通过有关国际组织进行国际合作研究，如通过联合国教科文组织、国际学术联合会议等机构设立的有关项目进行共同研究；二是进行校际合作研究，根据特定研究领域的交流项目，在其他大学的协作下，各大学之间进行有组织的共同研究；三是通过国际会议进行学术交流；四是开展学术信息交流，如资助研究成果的发表，推动高等学校通过国际互联网交流数据和研究成果等。

我国高等教育在20世纪末开始了大众化的进程。大众化不仅仅使我国高等教育在规模上迅猛扩大，而且带来了我国高等教育结构的巨大变化。例如，民办教育和高等职业教育的蓬勃发展，推动我国高等教育的体系结构与发达国家具有了更多相通之处。这样我国在高等教育的对外交流与合作上具有了更大的空间。我国高等教育经过一个多世纪的自主发展和学习借鉴，已经具有丰富的经验。要使我国高等教育国际化不断发展，努力提高我国研究型大学的水平和高等教育各个层次的整体质量，是我国所面临的艰巨任务；而不断提升现代人才的自主创新能力，则是提高我国研究型大学的水平和高等教育各个层次的整体质量的关键。

2. 现代人才自主创新的时代特征

自主创新人才是指在构建创新型国家背景下，接受新思想、新思维，能够有效整合信息资源，在充分发挥主观能动性的基础上进行创造性的变革，推动社会进步并对人类文明做出重要贡献的人。现代人才的自主创新，彰显着如下时代特征：

第一，适应社会发展，具有开放视野。当今世界科技日新月异，经济全球化愈演愈烈，"地球村"概念已深入人心。现代人才只有放眼全球，主动参与国际竞争，才能跟上世界潮流、立于不败之地。因此，现代人才必须树立面向国际竞争的开放视野。坚持自主创新，主动参与国际竞争，大力提高国际竞争力，这是现代人才自主创新的前提。

第二，不断追踪学科前沿，调整知识结构。创新是在知识的基础上，在智力的支撑下，运用自己具有的信息去分析问题、解决问题，并首创前所未有的事物。由此可见，掌握知识是发展智力、培养创新能力的前提。智力是建立在知识的基础之上的，包括观察力、记忆力、想象力等诸多认识能力的总和。智力的发展促进知识的高效掌握，而知识的掌握又能促进智力的顺利发展。在创新人才的知识结构中，理论知识是基础，应用知识是关键；"有形知识"是基础，"无形知识"是关键；专业技术知识是基础，信息传播知识是关键。创新人才的知识结构呈现以下三个特点：新，掌握新的前沿知识和本学科发展的最新动态；专，在某一领域有独到的见解和较深的造诣；博，有扎实的基础和深厚的文化底蕴。创新人才能对有关学科进行整体性的归纳，使多学科的知识、技能形成合理的、便于提取的系统，还能根据自己在学习、工作中的需要，通过反思进行调整，能根据社会发展的趋势，积极进行知识储备，主动适应社会发展的变化。

第三，敢于面对竞争，注重培养创新精神。随着社会的发展，社会竞争日益激烈。现代人才只有具备强烈的竞争意识，敢于面对竞争，注重培养自身的创新精神，才能把竞争的压力转化为创新的动力，才能以昂扬的斗志投入到创新活动中去。

第四，切实面向实际，着力提高创新能力。实践是最好的老师，创新能力的培养更不例外。创新能力不仅需要通过创新实践培养和提升，还需要通过创新实践加以检验。创新实践不同于一般的实践概念，它包括创新思维和创新行动两层含义，即主观性实践和客观性实践。主观性实践是指创新思维，其结果是提出新的创意；而客观性实践是获得物质性的创新成果。

现代人才参与创新实践，首先是主观性的创新思考，然后才是客观性的创新行动。从眼前的事物开始观察，从身边的事物开始思考，不放过任何创新实践的机会，是培养创新能力的最好方式。

二、大学生承担建设创新型国家的使命

（一）我国建设创新型国家的目标与任务

1. 创新型国家的基本条件

20 世纪以来，世界上众多国家为寻求实现工业化和现代化的道路，都在各自不同的起点上进行了探索，走出了不同的发展道路。一些国家主要依靠自身丰富的自然资源增加国民财富，如中东产油国家；一些国家主要依附于发达国家的资本、市场和技术，如东南亚及一些拉美国家；还有一些国家把科技创新作为基本战略，大幅度提高科技创新能力，日益形成强大的竞争优势。国际学术界把后一类国家称为"创新型国家"。

目前世界上公认的创新型国家有 20 个左右，包括美国、日本、芬兰、韩国等。一般来说，创新型国家应至少具备以下四个基本特征：一是创新投入高。创新型国家的研发投入占本国 GDP 的比例一般在 2% 以上。比如日本、韩国目前是 3%，美国是 2.6% 以上。二是科技进步贡献率大。科技进步贡献率即科技对经济增加值的贡献率，创新型国家科技进步贡献率的平均值为 70% 左右，美国是 80%。三是自主创新能力强。目前世界上的 20 个左右创新型国家，其自主创新能力都很强，平均对外技术依存度指标低于 30%，而美国、日本等发达国家的对外技术依存度指数只有 10% 左右。四是创新产出高。目前世界上公认的 20 个左右的创新型国家所拥有的发明专利数量占全世界总数的 99%。

2. 我国与创新型国家的主要差距

自改革开放以来，我国通过大量引进国外资本、先进技术和管理经验，有力地促进了经济发展，使国民生产总值快速持续增长。然而，核心技术和自主知识产权的缺乏，使我

国经济至今仍主要靠廉价劳动力、资源消耗、土地占用和优惠政策赢得竞争优势，这不仅使我国商品在国际竞争中处于劣势，大量企业沦为外国商品廉价的加工厂，也导致我国资源短缺、环境恶化，经济增长中矛盾凸显、压力增大。这些都说明我国与创新型国家还有较大的差距。

中华人民共和国成立以来特别是改革开放以来，党和国家采取了一系列加快我国科技事业发展的重大战略举措，经过广大科技人员顽强拼搏，我国取得了一批以"两弹一星"、载人航天、杂交水稻、高性能计算机、人工合成牛胰岛素、基因组研究等为标志的重大科技成就，拥有了一批在农业、工业领域具有重要作用的自主知识产权，促进了一批高新技术产业群的迅速崛起，造就了一批拥有自主知名品牌的优秀企业，全社会科技水平显著提高。这些科技成就，为推动经济社会发展和改善人民生活提供了有力的支撑，显著增强了我国的综合国力和国际竞争力。

但是，我国科技的总体水平同世界先进水平相比仍有较大差距，主要表现在：关键技术自给率低，自主创新能力不强，特别是企业核心竞争力不强；农业和农村信息的科技水平还比较低，高新技术产业在整个经济中所占的比例还不高，产业技术的一些关键领域存在着较大的对外技术依赖；不少高技术含量和高附加值产品主要依赖进口；科学研究实力不强，优秀拔尖人才比较匮乏；科技投入不足，体制机制还存在不少弊端。

除科技差距之外，与世界发达国家相比，我国还存在着一定的人才差距，主要体现在以下方面：第一，在世界一级、二级科技组织中任职人数较少。与其说全球75%的知识产权集中在发达国家，倒不如说是同样比例的原始创新人才集中在发达国家。中国与发达国家在科技创新能力上的差距集中表现为原始创新人才拥有量的差距。资料显示，虽然我国人才总体规模已近6000万人，但能跻身国际前沿、参与国际竞争的战略科学家却凤毛麟角。第二，科技人力资源总量第一，但创新型人才较少。第三，我国科技成果中的原创成果少，科技人才在几大著名的世界性科技奖中获奖少。

3. 我国建设创新型国家的目标

从定性指标来看，是否进入创新型国家，需要看经济发展战略制定是不是把科技创新作为核心要素，发展动力是不是更多地依靠科技创新，劳动主体是不是更多具备科技创新能力和精湛技能，国家竞争力和综合国力是不是更多地用科技创新能力来衡量，是不是有一大批高水平高校、企业、研究院所，以及一大批高水平科技创新人才。

4. 大学生是未来建设创新型国家的主力军

科学技术的创新是创新型国家建设的核心，而科技创新需要大量创新型人才做支撑。大学生无疑是这股支撑力量的主体，大学生的知识优势、科学精神、竞争意识和创新能力在一定程度上决定着国家的创新能力，决定着创新型国家的建设进程。首先，建设创新型国家，要求大学生具备系统、合理的知识结构。随着知识经济时代的发展，知识更新的速度明显加快，大学生要实现知识创新，就必须强化自己的基础知识，拓宽知识面，形成较为优势的知识结构。其次，建设创新型国家，要求大学生除了具备科学知识外，还要具备科学精神，包括科学求实的态度、革故鼎新的勇气、挑战权威的胆识、为科学献身的精神等。再次，建设创新型国家，要求大学生具备强烈的竞争意识。社会发展日新月异，大学生只有具备不甘落后的竞争意识，才能化压力为前行的动力，积极投入到创新活动之中。最后，建设创新型国家，要求大学生具备一定的创新能力，创新能力是实现创新的关键因素，也是大学生创新素质中的核心因素。

大学生是建设创新型国家的主力军，大力提倡创新教育，培养具有创新精神、能灵活驾驭知识和具备较强社会适应能力、对科学和真理有执着追求、具有终身学习能力、能进行国际交往的新型大学生，将为创新型国家的建设奠定坚实的基础。

（二）我国建设创新型国家的战略

1. 科教兴国战略

党的十八大以来，习近平总书记把科教兴国、人才强国和创新驱动发展战略放在国家发展的核心位置，高度重视人才，重视科技。未来综合国力的竞争归根结底是人才的竞争，人才的优势就是国家实力的优势，谁能培养和吸引更多优秀人才，谁就能在竞争中占据优势。

纵观中华民族绵延数千年的历史，我们都是一个自强不息、敢为人先的国家。从1840年沦为半殖民地半封建社会，到推翻三座大山中华人民共和国成立，进而到改革开放，到如今的全面深化改革，我们也正从历史的泥潭里，渐渐地爬出来、站起来、强起来。在这样的过程中，人才的力量不可或缺，科技自主的力量不可或缺。

人才为兴邦之本，人才乃成事之基。人桥架起，人才崛起；人梯通天，群星灿烂。事业的振兴发展，不是一个人的事情，需要一批又一批各类人才的鼎力支撑。所以，一定要完善人才评价使用机制，创造公平竞争的人才发展环境，形成浓厚的爱才氛围，让各路英才俊杰大展其长，让更多的"千里马"竞相奔腾。

在这样的现实背景下，我们很容易明白"人才强则事业强，人才兴则科技兴，科技兴则国家兴"的重要意义。今时今日之中国，迫切需要我们的科技工作者以科技创新来报国，以科研成果来报国，以科研实力来报国。

2. 人才强国战略

翻开世界各国的振兴史，我们发现，现代国家的发达和振兴无不得益于大兴教育和重视人才；每一次成功的经济追赶，都同时伴随着人才能力建设和人力资本投资的先行追赶，许多国家发展成为经济强国,都是经历了教育立国、科技兴国和人才强国的战略阶段。

中国作为世界上最大的发展中国家,人口多,底子薄,人均资源相对不足,这一基本国情决定了中国的发展必须坚持"以人为本",走人才强国之路。中国的人才强国战略主要包括两层含义:一是着眼加大人才资源的开发力度,全面提高人才的基本素质,将人口大国转变为人才强国,通过提高人才的竞争力,增强国家的综合国力和国际竞争力。二是着眼创新体制机制,做到广纳人才,为我所用,通过提高政策制度对人才的吸引力和凝聚力,增强国家的综合国力和国际竞争力。

中国的人才强国战略,是一个不断发展和完善的过程。随着世界科技革命的发展和经济全球化进程的加快,随着中国改革的深化和进一步对外开放,中国人才资源开发工作与综合国力竞争、经济社会发展的要求不相适应的矛盾越来越突出。中共中央、国务院印发了《中国教育现代化2035》,中共中央办公厅、国务院办公厅印发了《加快推进教育现代化实施方案(2018—2022年)》(以下简称《实施方案》)。教育部相关负责人介绍,《中国教育现代化2035》是我国第一个以教育现代化为主题的中长期战略规划,是推进教育现代化、建设教育强国的纲领性文件,定位于全局性、战略性、指导性。《实施方案》定位于行动计划和施工图,是加快推进教育现代化、建设教育强国的时间表、路线图,突出行动性、可操作性。两个文件远近结合,各有分工和侧重,共同构成了教育现代化的顶层设计和行动方案。

《中国教育现代化2035》提出到2035年,总体实现教育现代化,迈入教育强国行列,推动我国成为学习大国、人力资源强国和人才强国,为到21世纪中叶建成富强民主文明和谐美丽的社会主义现代化强国奠定坚实基础。

3. 创新性国家发展战略

新形势下的科技创新必须以习近平新时代中国特色社会主义科技创新思想为统领,以改革驱动创新,以创新驱动发展,加快进入创新型国家行列,迈向建设世界科技强国的新征程。

三、大学生确立自主创新的目标与任务

(一)全面发展目标的时代内涵与我国教育目标的调整

1. 全面发展目标的时代内涵

关于人的全面发展的问题是一个古老的哲学和教育学课题。讨论人的全面发展在思想史上与讨论人的本质一样源远流长。古希腊的雅典教育就是身心和谐思想的实践。亚里士多德提出了德、智、体和谐发展的教育主张。在教育中出现的"三艺""七艺",其宗旨就是培养智力、道德、美感、体魄和谐发展的人格。

西方文艺复兴运动后,在欧洲思想家眼中,人的全面发展成为一种崇高理想,特别是近代教育思想家的代表人物卢梭,提出身心两健、自由发展的自然人思想,使全面发展理论得以传播。卢梭心目中所憧憬的自然人如爱弥儿:"他身强力壮、心智发达、感情丰富,能适应各种客观条件的变化,他既不囿于世俗偏见,又不是那种崇尚空谈而无实际能力的书痴;他还接受了广泛的职业技术教育,不仅能自食其力,而且精通多种技能,适应各种职业,并能担任任何职位。"19世纪的空想社会主义者也十分关注人的全面发展。特别是罗伯特·欧文为此做了教育实验,进行了培养全面发展人的探索。在人的全面发展问题上,马克思则主张人的体力和脑力各种能力的充分发展及个人能力和社会全体成员能力的统一发展,其最终目的在于解放全人类,使社会上每个人都能够得到全面、充分、统一的发展。

历史的发展证明,人的全面发展作为人类追求的理想境界,始终是思想家和教育工作者思索和关注的焦点。21世纪,在知识经济迅猛发展和经济全球化趋势日益增强的背景下,国家综合国力和国际竞争力越来越取决于教育、科技和知识创新水平。对人才培养及其标准的思考成为热点问题。

自20世纪90年代以来,高科技的迅速发展使网络技术的神奇触角伸展到地球村的各个角落,为全球经济的进一步融合注入了新的活力。经济全球化带来了激烈的国际竞争,围绕着自主核心技术而展开的国际竞争,最终将具体到对优秀人才的争夺上。我们党和国家事业的兴旺发达和长治久安,需要一大批各行各业的优秀人才。我国科技事业的发展,也需要培养和造就一代年轻科技人才。这是一项十分紧迫而重大的战略性任务。当今和未来世界的竞争,从根本上说是人才的竞争。我国要跟上世界科技进步的步伐,加快科技创新和知识创新,必须有一批又一批的青年人才脱颖而出。建设中国特色社会主义的伟大时代,应该是百舸争流、人才辈出的时代。正如习近平同志所说,面对科技创新发展新趋势,世界主要国家都在寻找科技创新的突破口,抢占未来经济科技发展的先机。我们不能在这场科技创新的大赛场上落伍,必须迎头赶上、奋起直追、力争超越。

2.我国教育培养目标重点的确立

今天,面对世界科技飞速发展的挑战,我们必须把增强民族创新能力提升到关系中华民族兴衰存亡的高度来认识。教育在培育民族创新精神和培养创造性人才方面,肩负着特殊的使命。每一个学校,都要爱护和培养学生的好奇心、求知欲,帮助学生自主学习、独立思考,鼓励学生的探索精神、创新思维,营造崇尚真知、追求真理的氛围,为学生的禀赋和潜能的充分开发创造一种宽松的环境。这就要求我们必须转变那种妨碍学生创新精神和创新能力发展的教育观念、教育模式,特别是由教师单向灌输知识、以考试分数作为衡量教育成果的唯一标准以及过于划一呆板的教育教学制度。学校的校长和教师,在精心培育人才方面负有特殊的责任,既要严格要求,又要平等待人,更要善于发现和开发蕴藏在学生身上的潜在的创造性品质。教师与学生之间要相互学习、相互切磋、相互启发、相互激励,这也是我们中华民族古已有之的教学相长的一个优良传统。高等学校要在培养大批各类专业人才的同时,努力为优秀人才的脱颖而出创造条件,尤其是要下功夫造就一批真正能站在世界科学技术前沿的学术带头人和尖子人才,以带动和促进民族科技水平与创新能力的提高。这不仅是教育界的责任,也是全党全社会的战略性任务。

有人总结了中国教育的两大不足:一是学生动手能力、实践能力差;二是缺乏后劲,也就是缺乏创新能力。这两个不足已经明显地阻滞了我国经济的增长,不适应我国生产力发展水平的要求。

在知识经济时代,先进的科学知识成为一个国家经济增长的主要支柱,谁掌握的先进技术多、技术水平高,谁就能走在世界发展的前列,谁就能在竞争中立于不败之地。美国连续多年国民生产总值保持较高的增长率,实现经济的良性发展,主要依靠的是技术革新。

(二)自主创新目标的确定与任务

古人云:"有志者,事竟成。"这句话蕴藏着丰富的人生哲理,"志"就是人们所要追求的一定的目标。当行动之前对目标的期望即转化为动机,而适应社会发展的动机则能产生强大的动力和高度自觉性。所谓目标,即指人们欲求的结果或将要达到的标准,是行动的指南,它是满足人们的需要和动机相联系的客观结果在主观上的反映。目标能激励人们去奋斗、拼搏,是产生动力的源泉。

翻开科学文化史,便会发现古今中外的许多历史名人,大多是在青年时代打下了一生成就事业的基础。爱迪生 21 岁时取得了第一项专利;牛顿在 23 岁时创立了微积分;爱因斯坦 26 岁时完成了狭义相对论……很多研究资料表明,青年中期处在最佳创新年龄的开始阶段,创新性活动最活跃的时期是青年后期和成人初期。许多科学家、发明家都是在这一阶段奠定了一生事业的基础,并从这里开始走向成功的道路。当代大学生是未来建设创新型国家的主力军,因此,要十分珍惜自己的青春年华,确立自主创新的成才目标,并为之不懈努力。

自主创新成才目标有两层含义:第一层含义为自主性,第二层含义为创新性。其中,自主性包括独立性、主动性与创造性三个方面,它是大学生主体性的表现。但是,应当看到,一些大学生在不同程度上还表现出一定的依赖性、被动性与复制性。大学生的依赖性主要表现为:缺乏独立思考能力,人云亦云,唯唯诺诺;不能对自己的行为负责,缺乏判断能力与选择能力,茫然无助;不敢面对现实生活,沉迷于网络虚拟世界而不能自拔;没有进取精神,完全依赖他人或等待社会给予机会。大学生的被动性主要表现为:发挥主观能动性的能力较差,在关键时刻,往往不能独立自主地做出决策。大学生的复制性主要表现为:

在思想意识和价值观念里，虽然崇尚个性独立，强调主体意识，但是由于受周围环境的影响和束缚，真正属于自己的独立思考选择的成分并不多，常常模仿和随从他人及周围的环境因素，并以此作为自己的判断标准和价值取向，甚至不愿动手、动脑，"复制"他人答案、成果据为己有。大学生要树立自主创新成才目标，首先就要发挥自主性，独立思索，主动行事，敢于创造，因为自主性是创新的前提与基础。

创新性则包括探索性、开拓性与求新性三个方面。只有不断探索，勇于开拓，才能力争求新。但是，当代大学生则在不同程度上表现出现成性与维持性。他们多注重于对已有知识经验的学习，继承传统的文化成果。获取的仅仅是一些固定的文字符号，是他人创新思维的结果，他们不会或很少在此基础上改变知识固有的结构，重新组合，建立新的秩序。大学生的这种现成性与维持性，忽视了自身创新精神和创新能力的培养，影响着自身对新知识的积极探索和追求。而建立在知识的生产、分配和使用基础之上的知识经济，其核心是创新。要求人不断地推陈出新，勇于标新立异，大胆地探索未知领域，主动地寻求新的知识，以推动知识经济的发展，适应知识经济时代的需要。因此，处于知识经济时代的大学生，必须摒弃现成性与维持性，培养自己的创新性。创新性是自主的目的与价值。

四、自主创新是大学生价值实现的现代方式和价值取向

价值是关系范畴，其本来含义是作为主体的人与客体之间的特定关系，是客体属性对主体需要的肯定或否定关系。某个东西是否有用即价值如何，是对于一定主体的需要而言的。离开人这一主体，离开主体的需要，任何事物都无所谓价值。根据客体属性，可以把价值划分为物质价值、精神价值和人自身的价值三种类型。马克思主义认为，人的价值是创造价值的价值。随着时代的发展，自主创新已经成为当代大学生价值实现的现代方式。

（一）人的价值是创造价值的价值

1. 人的价值与人的本质

人的本质存在于具体的人性之中。人的价值是具体的，包括客体个人对主体社会的价值，或指客体社会对主体个人需要的价值，或指客体个人对主体个人自身需要的价值等。在人的价值关系中，人是价值客体和价值主体的对立统一。在个人对社会的价值关系中，个人是客体，以其贡献显示人的本质属性和主体社会需要发生关系。在社会对个人的价值关系中，个人是主体，而社会是客体，社会的人以其贡献显示其社会本质属性。

中国古代的荀子也曾说过，人"最为天下贵"，人贵就贵在能够创造价值，是价值的主体。人本来是物，也作为生物体同其他生物体一样，必须同自然界进行物质和能量交换

才能生存。但是，人不是纯自然的生物体，人在本质上是社会存在物，人不是被动地接受自然界提供的生存资料，而是以社会的方式主动地创造自己作为人所需要的生存资料。自然物质只是通过人的能动的创造活动，才赋予了能够满足人的需要的意义。价值是人的创造物，是作为主体的人的实践活动的产物。人的价值及人对人自身的意义，就在于人必须创造价值以满足人自身的需要。人的需要是全面的，人作为社会、文化存在物，既有物质生活的需要，又有精神生活的需要。因此，人既要为自己创造物质价值，也要为自己创造精神价值。

人的价值可以分为社会价值和个人价值。人的社会价值是指个人对满足社会物质需要和精神需要所做的贡献。一个对社会不承担任何责任、对社会没有任何贡献的人，也就是对社会没有任何价值的人。人的社会价值的大小的决定性因素是其对社会的贡献程度和奉献精神。人的个人价值是指社会对个人物质生活和精神生活两方面的满足程度。世界不会自动地满足人的需要，人的需要必须靠人自己改变世界的活动去满足。从这点上说，人又是实现人自身目的的工具，人的价值具有工具性的一面。事实上，人也只有把自己作为满足自己需要的工具，才能够能动地驾驭他物，才能够实现人的现实价值。正是人具有工具性的一面，因而人也可以成为价值客体。由于人具有目的和工具的二重属性，使人既是价值主体又是价值客体。

人的个人价值和社会价值是辩证统一的。一方面，个人价值和社会价值互为前提。表现在社会价值以个人价值为前提。一个人如果连最基本的物质和精神需要都不能得到满足，就谈不上为社会、为他人做贡献。同时，个人价值又以社会价值为前提，如果人的个人价值不表现为社会价值，就得不到社会的承认，也就没有任何意义。另一方面，个人价值和社会价值又是相互促进、相互转化的，其基础是社会实践。在社会实践中个人价值和社会价值的转化是相互的、双向的。个人不断为社会、为他人做贡献的过程，也就是个人价值不断充实、丰富和实现的过程。

在当代，自主创新已经成为实现人的个体价值、社会价值的方式。"人是地球上唯一有理智、有思维、有技艺并能够自主地、能动地、创造性地从事实践的和观念的对象性活动的存在物。"人的需要永远不能满足，人为满足自身需要而进行的价值创造也永远不能停止。同时，人的价值也是人自己创造的。人创造价值的过程也是实现主体自身价值的过程。物的价值不能超出他的价值属性本身，人的价值恰好超越它的本质属性本身，是人的本质力量的外化、对象化。人的需要是随着历史发展的，人创造价值的活动也是随着人自身的需要的发展而发展的。在当代，面对市场化、全球化的激烈竞争，自主创新可以使人在价值创造和价值实现过程中，先行一步，抢得主动，更好地实现目标，因而成为当代人实现个人价值和社会价值的重要方式。

2. 人只能通过实践创造价值

唯物史观揭示了人与社会实践的本质联系，强调全部社会生活的本质是实践，劳动、社会实践是人的存在方式和生命过程。人的价值有潜在价值和现实价值两种形态。人的价值实现的过程，就是人的潜在价值向现实价值的转化过程。潜在价值是人的本质力量及主体力量所具有的创造能力和潜能。人具有主体力量，具有进行主体性活动的能力，也就潜在地具有了其价值实现的基础。人所具有的这种潜能，是人在长期的自然进化和社会进化过程中的积淀，它潜伏于人体之中，并不能自然地转化成现实价值，只有在人的实践活动中才能被激发出来。人通过实践使潜能发挥出来，变成创造价值客体的现实力量，人也就成了现实的主体而实现了自身的创造价值。潜在价值和现实价值的相互转化，是一个永无止境的不断循环、不断深化提高的过程。实践活动是人的潜在价值向现实价值转化的基础和前提。

在人的价值实现过程中，经历了不同的历史发展时期，效果也有天壤之别。在古代，由于生产力水平低下，科学技术不发达，人们主要以体力劳动创造财富或价值，效率低下，人的价值实现很不理想。经过工业革命，人创造了机器，极大地解放了人的体力，提高了生产效率，人的价值实现获得了长足的进展。现在是知识经济时代、信息社会，人学习、运用、创造科技，生产力水平空前提高，是最重要的价值创造。

同时，人的活动对人自身产生不同的效应，表明人的价值实现在不同的时代有不同的选择和方向。在价值实现过程中，只有正视社会条件，结合国家和社会的实际，从客观实际出发才具有实现的可能性，创造的价值才有意义。反之，如果忽视社会需要，不顾现实条件，以个人为本位，以自我为中心，一味抽象进行"自我选择""自我实现"，那么，这样的价值目标不但实现不了，而且追求这种价值目标的行为本身还必然会损害他人、社会乃至国家利益，成为一种负价值。

因此，一切价值都是人的创造物，人创造客体价值的过程也就是实现主体的自身价值的过程。人的价值在于创造价值，离开创造价值的活动就谈不上人的价值。

（二）自主创新是大学生价值实现的现代方式

人的价值实现的程度，既受主体能动性因素制约，也受社会条件的制约。其中，主体活动的价值目标，也就是价值取向的作用至关重要。主体确定什么样的目的，其所确定的目的是否建立在客观的依据之上，有无实现的可能，对于人的价值实现具有决定性的意义。从当前的形势和大学生的实际情况看，自主创新已经成为大学生价值实现的现代方式。

1. 大学生具备自主创新的自我条件

人的价值创造取决于一定的自我条件，前面已经阐述，大学生自主创新的主客观条件已经具备。大学生如何有效利用有利条件，实现从潜在价值向现实价值的转化，是大学生能否进行自主创新的关键。潜在价值向现实价值转化，是受各种条件制约的。条件不同，人的价值实现的方式和程度就不同。马克思指出，人们自己创造自己的历史，但是他们并不是随心所欲地创造，并不是在他们自己选定的条件下创造，而是在直接碰到的、既定的、从过去继承下来的条件下创造。从当前大学生价值表现的形式看，当前我国正在提倡自主创新，提供了各种条件和优惠措施，大学生进行自主创新有广阔的舞台。大学生的自主创新的价值取向、大学生自主创新的积极性主动性，对大学生自主创新的价值实现具有决定性意义。毫无疑问，个人的价值目标只有同社会发展的方向、时代的要求一致才有意义，个人的价值目标只有正视现实社会条件、从客观实际出发，才具有实现的现实可能性。当前举国上下自主创新的氛围既为大学生进行自主创新提供了条件，更提出了自觉进行自主创新、不断提高自主创新能力的具体要求和努力目标。

2. 我国建设创新型国家的战略为大学生自主创新提供了广阔的发展空间

自主创新是科技发展的灵魂，是一个民族发展的不竭动力。自主创新能力是国家竞争力的核心，是我国应对未来挑战的重大选择，是统领我国未来科技发展的战略主线，是实现建设创新型国家目标的根本途径。因而，建设创新型国家已经成为举国上下的共识，我国已经进入自主创新时代。国家、民族、社会都寄希望于大学生成为创新人才，都在创造条件，诸如为大学生设立研究课题和创新基金，提供研究经费和创业资金，制定创新政策与奖励制度，鼓励大学生自主创新，为大学生发挥聪明才智创造了良好条件。

引导高水平大学持续健康发展，科学评价是核心。中西部高校数量和在校生数量接近全国的2/3，体量非常大，承担着为国家特别是中西部地区经济社会发展提供人才支持和智力支撑的重要使命。"应该建立多元化的、鼓励大学追求卓越、具有特色的分类评价体系。"

"我们不能身子进入普及化、思想还停留在精英化阶段；不能嘴上讲多样性、心里还想着同质化；不能再用一把尺子、一个标准、一个维度衡量所有高校。高等教育的结构应该从'金字塔'转向'五指山'，鼓励更多高校办出特色，向多样化、差异化发展。"赵继说，优质教育资源扩大不能仅靠少数顶尖大学的扩招，还要能办出一批像巴黎高工、巴黎高师这样的特色大学，结构改革和分类导向将是下一步我国高等教育改革的发力点。

第二节　我国大学生创新能力的现状

中国高等教育学会会长杜玉波曾说高校是关键核心技术攻关的主战场之一。与世界一流高校相比，顶尖人才和团队比较缺乏，创新人才支撑不足，激发人才创新创造活力的激励机制还不健全；对基础研究在技术研发中的重要性认识不足，学科固化且划分过细，学科布局的综合性和交叉性不够……这些都是高校提升服务国家关键核心技术攻关能力的瓶颈。

一、当前大学生创新能力培养存在的问题

（一）受传统思维的影响

中国传统文化当中，儒家思想主要提倡认识和解决问题要采取不偏不倚、折中适度的思维方法，而这与创新思维当中要求学生进行科学论证以及逻辑分析来解决问题的思维方式本质上是矛盾的，而培养学生的创新能力，旨在在学生自己动手实践的过程中，通过独立思考，发现分析问题和解决问题的途径，进而提高自己的创新能力。

（二）应试教育体制的限制

创新能力的培养离不开人才，而人才创新能力的培养需要良好的教育，但是当前，由于大学生受应试教育的影响，大学生更加注重自身考试成绩的高低，对于自身能力素质的提升并没有意识，而当前教育体制大多采取灌输式教育，许多学生在学习的过程中，处于被动接受的地位，并没有积极主动地进行思考。而创新者需要的是有怀疑能力、分析判断能力以及独立思考的能力，但是在当前应试教育的要求下以及教师的灌输式教育之下，很难培养学生的创新思维，进行独立思考，因此，应试教育的存在一定程度上限制了大学生创新能力的发展与培养。[1]

（三）创新体制的不健全

在当前科技发展的时期，我国管理层面的指导思想很局限，并且人才资源方面，与发达国家相比，我国的人才数量优势明显不足。在宏观方面，有关部门之间的协调不充分、调控不到位，没有充分发挥市场机制的作用，使我国的科学技术发展在国内没有形成良好的竞争局面，不利于我国科学技术的进一步发展。在微观方面，我国科技发展的创新主体的环境与条件不完善，高校对于创新人才的培养也没有充分发挥作用，致使我国的创新体制得不到完善。

---

[1] 沈卉卉.大学数学教育对创新创业教育的影响浅析[J].湖北经济学院学报（人文社会科学版），2018（03）：144-146.

二、大学生创新能力培养的对策及建议

（一）改进教育理念，激发学生创新意识

当前，我国的教育正处在由传统型向现代型转变的阶段，各种教育理念的交汇与冲突正在改进中。冲击着中国传统的教育教学理念，其中最重要的教育理念就是坚持以人为本，应当逐步由应试教育向创新型教育价值观转变，由传授知识向强调学习能力、创新能力的培养这一价值观方向转变，在师生关系的处理上要从之前学生被动接受知识的地位向师生平等、民主的关系上转变，不断激发学生的创新意识，在学生在不断动手实践的过程中，使学生更加积极主动地参与到学生自主学习的过程中。

（二）开展教学改革，培养学生创新能力

创新能力的培养，一方面离不开教师对学生的方向性的引导；另一方面，取决于学生在参与实践教学过程中自身的思考。教师传授知识不只是单方面的传授，更多的是与教师的共同参与以及互动的一种过程，因此，教师更应当注重实践教学，不仅要求学生掌握书本上的基础知识，更要求学生在实践中联系实际，将课本知识与实践相结合，在实践的过程中，激发学生的学习与创新意识，更好地理解与运用知识，从而达到创新能力训练和培养的目的。

（三）建立奖励评价机制，激发学生创新动力

激发学生的创新动力，就要有新型的评价标准，通过激励的机制，使大学生更好地参与到学校的各种创新活动中，提高学生的自主创新能力，因此，学校应当建立相应的奖励评价机制，通过设立不同的自主创新的奖项来不断激励学生进行实践与创新；另外，学校还可以将学生的自主创新与平时的学分相结合，这无形之中与学生的切身利益挂钩，能够更加充分地调动学生的积极性，提高学生的创新能力。

（四）鼓励自主创新，营造创新环境

当代大学生是充满活力、富有个性的一代人，在当前经济全球化、信息化以及科技迅速发展的时代背景下，创新能力的培养显得尤为重要。首先，和谐的师生关系是高校实践活动得以实施的基础，师生关系更应当是平等民主的关系。只有在轻松自由的环境下，学生的人格和个性才得以释放，才能激发学生的创新思维。因此学校和教师应当营造良好的

校园文化，促使自主创新意识的培养，在学校内创造创新宽容的氛围，允许和鼓励学生对知识提出疑问和自己的见解，让学生在不断思考的过程中，不断进步、不断创新。

当前，高校在国家现代化建设培养创新人才的任务中扮演着重要的角色。要想不断地提高学生的创新能力，激发学生进行创新的兴趣，首先要转变当前的教育理念，促进教学改革，通过建立创新奖励评价机制，活跃当前的创新教育的氛围，在平等、民主、和谐的师生关系中，结合学生自身的创新能力，进一步提高当代大学生的综合素质。

第三节 数学建模与大学生创新能力培养

一、数学建模概述

著名数学家华罗庚指出，"宇宙之大，粒子之微，火箭之速，地球之变，生物之谜，日用之繁"无一能离开数学，人类从蛮荒时代的结绳计数，到如今电子计算机指挥宇宙飞船航行，任何时候都受到数学的恩惠和影响。高耸入云的建筑物、海洋石油钻井平台、人造地球卫星等，都是人类数学智慧的结晶。随着计算机科学的迅速发展，数学兼具科学与技术的双重身份，现代科学技术越来越表现为一种数学技术。当代科学技术的突出特点是定量化，而定量化的标志就是运用数学思想和方法，精确定量思维是对当代科技人员的共同要求，所谓定量思维指人们从实际中提炼数学问题，抽象为数学模型，用数学计算求出此模型的解或近似解，然后回到现实中进行检验，必要时修改模型以使之更切合实际，最后编制解题的计算软件，以便得到更广泛和更方便的应用，高技术、高精度、高速度、高自动、高质量、高效率等特点，无一不是通过数学模型和数学方法并借助计算机的控制来实现的。

美国一名科学院院士指出，"数学是一种关键、普遍、可以应用的技术"，"数学对由研究到工业领域的技术转化，对加强竞争力是有重要意义的"，"计算和建模重新成为中心课题，它们是数学科学技术转化的主要途径"。数学产生计算机，计算机影响数学发展，使数学的作用更加突出。

把计算机技术与数学建模在知识经济中的作用比喻为如虎添翼是恰如其分的，数学按其纯粹性的分布如图 5-1 所示。

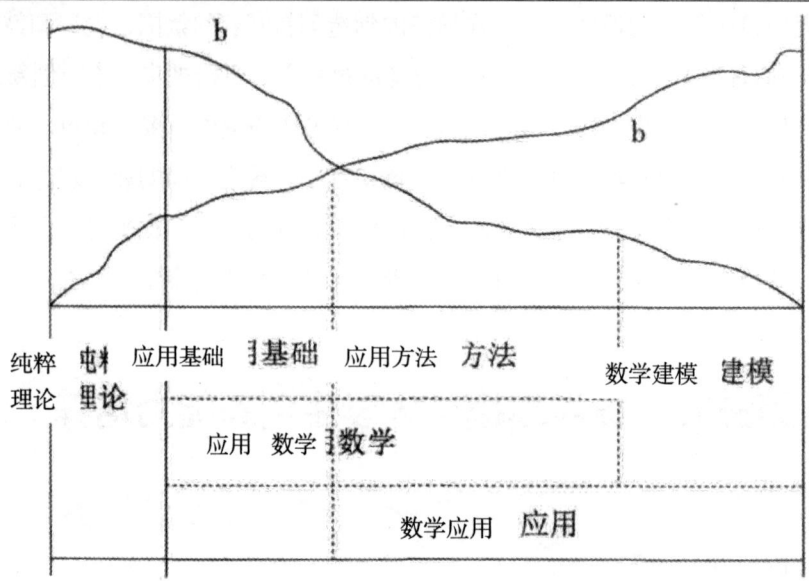

图 5-1　数学的纯粹性

（一）模型

《辞海》（2020）对"模型"一词有 3 项释义：第一，与"原型"相对。研究对象的替代物，原型，即客观存在的对象客体；模型，则是具有原型相似特征的替代物，是系统或过程的简化、抽象或类比表示。第二，根据实物、设计图或设想，按比例、形态或其他特征制成的同实物相似的物体。供展览、观赏、绘面、摄影、试验观测等用。常用木材、石膏、混凝土、塑料、金属等材料制成。第三，如果一个数学结构使得形式理论（形式系统中的一组公理或公式）中的每个公式在这个结构内部都解释为真，那么这个数学结构就称为这个理论的一个模型。①

其中第二项释义是指客观存在的由实物构成的模型，与数学模型差异较大；第三项可以说是数学模型，但属于数学的一个分支学科——数学逻辑或者数学基础的专业内容。所以，以下我们所说的数学建模所指的模型都是第一项释义下的模型，因而可以定位为：模型是对要研究的对象客体，例如系统和过程经过简化、抽象或类比表示得到的具有与原型的、我们要研究的特征具有相似性质的替代物。

（二）数学模型

按《辞海》第一项释义的后文，模型"根据代表原型的不同方式，分为实体模型和理想模型；根据模型与原型的关系，可分为物理模型和数学模型"。

---

① 吴迪.谈数学建模在大学数学教学中的作用[J].才智，2018（20）：9.

实体模型指的是运用拥有体积及重量的物理形态的实际存在的物体做成的模型。第二项释义定义的就是一类实体模型，叫作外形相似模型；材质和功能与原型一样只是大小不同的模型，例如用于风洞试验的飞机模型，叫作实质相似模型；还有不同质材但功能相似的模拟模型。理想模型是一种理论模型，由于理论的需要或者理论的推演而成的模型，如原子结构研究的"太阳系模型"、经济学的"理性经济人模型"、生物学的"双螺旋模型"、物理学的"刚体模型"等；数学模型也是一种理想模型。

物理模型指的是运用具有客观存在的物质建构的模型，除了实体模型外，所有涉及具体物质的模型都是物理模型，前面举出的各学科理论模型包括用电流电场甚至电子流电磁场建构的仿真模型都涉及物质客体，所以都是物理模型。只有运用不涉及物质客体的空间形式和数量关系建构的模型才不是物理模型，那就是数学模型。

数学模型是针对或参照某种事物系统的特征或数量依存关系，采取数学语言，概括地或近似地表述出的一种数学结构。数学模型是利用数学解决问题的主要方式之一。利用数学模型解决问题的方法叫作数学模型法，利用数学模型法解决问题的过程就叫作数学建模。这时，常把数学模型狭义地理解为联系一个系统中各变量间内在关系的数学表述体系，或者更为简洁的：运用数学系统建立起来的模型，或者说描述研究对象（原型）的数学特征的一种模型。

例如开普勒的行星运动三大定律。

行星的运行轨道是一个椭圆，太阳位于椭圆的一个焦点上。

太阳—行星连线所扫过的椭圆扇形面积随时间成比例增加（在相等的时间内扫过相同的面积）。

行星绕日公转周期的平方，与它们的椭圆轨道长半轴的立方成正比。

开普勒行星运动三大定律就是一个太阳系的数学模型，可以用图形和解析式表示出来）。

（三）数学建模的来源

数学建模词义指的是建立数学模型，就是利用数学模型法解决问题，首先来源于数学的实际应用。

利用数学模型解决实际问题的思想可追溯到中国古代，《九章算术》（公元1世纪）就为当时社会生活各个领域利用数学提供了系统的数学模型，其中"盈不足""勾股""方程"等章提供了用"盈不足术"、直角三角形、线性方程组作为数学模型解决各种实际问题的方法，这就是为解决实际问题采用数学建模的开端。古希腊学者托勒密（公元2世纪）提出"地心说"，采用了几何模型研究天文学，也是数学建模的早期活动之一。16世纪初，哥白尼认为托勒密的模型不能很好地解释行星运动的物理实质，他建构了新的几何模型并且定量地考察了它，从而得出著名的"日心说"，数学建模在此学说的建立过程中有着决定性的意义。

科学中运用数学方法则是数学建模的第二个来源。伽利略（1564—1642）是在实际的科学研究中开创实验方法与数学方法相结合的第一人。他将比率和三角形相似理论作为落体运动的数学模型，以之推导出著名的自由落体运动的规律，从而开了数学建模在近代科学中应用的先河（值得注意的是，他的这个自由落体运动规律，即自由落体运动公式又直接构成自由落体运动的数学模型）。

自由落体运动的数学模型是 $h=gt^2$。笛卡儿的"万能方法"所揭示的方法论原则也是采用数学模型法解决"任何问题"的方法论原则。从此，在解决各种科学理论和实际问题时，数学建模成为首选方法之一。笛卡儿在数学研究中也采用了数学建模，他为几何学建立了代数模型，并通过模型推导解决原型（几何）的问题，从而创立了解析几何学。

数学建模的第三个来源则是数学基础研究中的数学应用。例如，为证明欧几里得几何学的无矛盾性，采用了解释的方法；1899 年，希尔伯特的《几何基础》使用了一个著名的解释：用实数来解释欧氏几何，同时他还用解释法来证明公理系统的独立性和完全性。一般关于数学理论自身的整体性质无法证明（证明只在系统内有效），多采用解释的方法。一个解释也叫作一个模型。在数学基础研究中，形式系统的意义要靠模型来说明，形式系统的元数学性质也要依赖模型才能证明。这就是前面指出的《辞海》中的第三项释义，也是数学建模的一个来源。

现代数学建模在三个方面都有很大的发展，在其他科学及实际问题中采用数学模型法所涉及的模型的构建、求解、说明等一系列问题的研究已构成了独立的学科，就叫作数学建模。不仅如此，数学在任何领域中的应用都涉及数学建模——应用的就是数学模型，现在数学在各个领域中的应用是如此的广泛，可以说没有什么科学技术领域不用数学了，数学建模成为许多科学技术领域自身的内容，这叫作科学的数学化。数学基础中模型的构造及模型和作为原型的形式语言的关系也构成独立的学科——模型论。

（四）数学建模的应用

数学建模在国民经济和社会活动的诸多方面，都有着非常具体的应用：分析与设计。例如，描述药物浓度在人体内的变化规律以分析药物的疗效；建立跨音速空气流和激波的数学模型，用数值模拟设计新的飞机翼型。预报与决策。生产过程中产品质量指标的预报、气象预报、人口预报、经济增长预报等，都要有预报模型。使经济效益最大的价格策略、使费用最少的设备维修方案，是决策模型的例子。控制与优化电力、化工生产过程的最优控制、零件设计中的参数优化，都要以数学模型为前提。建立大系统控制与优化的数学模型，是迫切需要且十分棘手的课题。规划与管理生产计划、资源配置、运输网络规划、水库优化调度、排队策略、物资管理等，都可以用运筹学模型解决。

（五）数学建模的原理

数学建模的原理如图 5-2 所示。

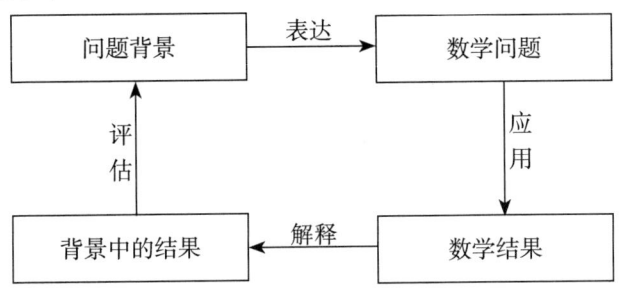

图 5-2 数学建模的原理

数学建模的过程就是运用数学解决问题的过程，图中的问题背景是关于要研究的现实对象的信息，进而也就得出要解决的现实问题；然后对现实问题进行抽象，就是舍弃与研究对象的空间形式和数量关系无关的性质，抽象为数学问题，利用数学语言数学工具加以表述，这个表述出来的数学问题就是数学模型；应用则是运用数学方法（推演）解决前面表述出来的数学问题，叫作求解模型，得到的数学问题的解，即数学模型的解，也就是图中所说的数学结果；把这样的数学结果概括一下——概括到包括了所研究的现实问题的领域，就是把数学结果解释为要解决的原来的现实问题的语言，也就解决了问题背景下的问题，得到了现实的结果即背景中的结果。那么，这个由数学结果解释出来的问题背景的结果是不是原来的问题的解呢？或者说是否解决了原来的问题？就需要对背景中的结果是否符合问题背景，以及是否解决了现实的问题进行评估，实际上就是对通过数学模型得到的结果进行检验。通过评估，如果解决了原来的现实问题，这一个数学建模过程即告结束；如果没有完全解决原来的问题，则需要评估问题出在什么地方，一般可以重新表述为新的数学问题，重复其后的各个环节，直到得出完全解决现实问题的结果。

按照这一数学建模模型，数学建模一开始要求数学抽象，由现实背景（原型）的问题抽象出数学问题，就是建构数学模型；后来又要求进行数学概括，把对模型进行数学推演得到的数学模型的结果概括到原型的领域，于是得到现实背景即原型问题的解。数学建模是一个数学抽象—数学概括的过程，是一个从原型到模型再回到原型的认识过程。数学建模解决问题的关键之一在于所建立的数学模型是对原型进行的简化，而且在不失真的情况下，简化程度越高越好，一个原型问题的模型究竟应该简化到什么程度，是一个经验选择的过程。数学建模解决问题的另一个关键则在于对数学模型（数学问题）的数学推演解决，这是一个数学过程。

（六）数学建模的原则

由数学建模原理，数学建模是一个认识过程、经验选择过程和数学过程。针对不同的过程可以得到数学建模的原则，由原则保证数学建模的顺利实施。

1. 反映性原则

数学建模是一个认识过程，数学模型实际上是人对世界的一种反映形式，因而数学模型和原型就应有一定的"相似性"。

当然，并不是采用的载体的"物"的相似性，而是所表达的"形式和关系"的相似性。

按照这一原则，并不是随便什么数学工具（数学理论或者数学表达式）都能成为某一背景中的问题，即某一原型的数学模型的，只有那些与原型问题有相似性的数学工具（数学理论或数学表达式）才能成为该原型问题的数学模型。

这就带来了两个问题：第一，如果数学中有不止一个与原型问题相似的数学工具（数学理论或表达式）怎么办？第二，如果数学中没有与原型问题相似的数学工具（数学理论或者数学表达式）怎么办？第一个问题是一个经验选择的问题，第二个问题是一个数学创新的问题，正好就是数学建模原理的后两个过程，我们有下面两个建模原则来保证。

2. 简化原则

现实背景中的原型都是具体的即具有多因素、多变量、多层次的比较复杂的系统，对原型进行数学抽象就要舍弃其中的除了空间形式和数量关系之外的一切因素，所以数学模型一定是比原型简化的，一般不可能采用比原型更加复杂的模型。除了模型比原型简化外，数学模型自身也应简化，在数学中有多个与原型相似的理论或者表达式的时候，应该在能解决问题的前提下选择最简单的模型，比如选择变量较少、较低阶的、线性的模型，也就是在建构数学模型时，在能解决原型问题的前提下选择尽可能简单的数学工具。

这就要求在进行数学建模解决某一原型领域时，对于原型领域、对于数学工具以及已有的数学模型具有一定的知识储备量，因此，数学建模能促进原型领域及能解决该领域的数学模型的有关知识的发展，这两者结合起来构成了原型领域的新的知识，这个新知识既是原型领域的知识，又是数学领域的知识。现在从原型领域的角度看，叫作科学的数学化；从数学的角度看，叫作数学科学的发展。这两者都是现代科学发展的趋势。

3. 可演原则

这是针对数学建模中的创新来说的，如前所述，如果对于某个原型没有现成的数学模型可以利用怎么办？那就要建立新的前所未有的数学模型，就是创造一个新的模型，形式上可以是一个新的数学符号构成的式子或者一个新的算法程序，这样的式子或程序能不能构成新的数学知识，就看能不能由其推演出一些确定的结果，如果建立的数学模型在数学上是不可推演的，得不到确定的可以应用于原型的结果，这个数学模型就是无意义的。如果能推演出确定性的结果，并且这些结果可以解释为原型的语言解决了原型的问题，那么这个数学模型不仅是有意义的，可以作为数学以及原型领域的创新性成果成为新的数学知识和原型领域的知识，促进了理论的发展，也为其后的应用准备了新的数学模型，这也是数学发展的一个途径。

（七）数学模型的分类

数学模型的种类有很多，而且有多种不同的分类方法。例如，按研究方法和对象的数学特征分为初等模型、几何模型、优化模型、微分方程模型、图论模型、逻辑模型、稳定性模型、扩散模型等。按研究对象的实际领域（或所属学科）分为人口模型、交通模型、环境模型、生态模型、生理模型、城镇规划模型、水资源模型、污染模型、经济模型、社会模型等。按是否考虑随机因素分为确定性模型、随机性模型；按是否考虑模型的变化分为静态模型、动态模型；按应用离散方法或连续方法分为离散模型、连续模型；按人们对事物发展过程的了解程度分为白箱模型、灰箱模型、黑箱模型。

白箱模型指那些内部规律比较清楚的模型，如力学、热学、电学以及相关的工程技术问题。

灰箱模型指那些内部规律尚不十分清楚，在建立和改善模型方面都还不同程度地有许多工作要做的问题，如气象学、生态学、经济学等领域的模型。

黑箱模型指一些其内部规律还很少为人们所知的现象，如生命科学、社会科学等方面的问题。但由于因素众多、关系复杂，也可简化为灰箱模型来研究。

（八）数学建模的意义

数学建模对于各个门类的科学技术以至于人的实践都有巨大的促进作用，对于数学来说也有促进发展开拓领域的巨大作用。当然，能产生这样的作用的一个方面原因是数学模型比较其他科学方法来说具有易于操作、成本较低、求解迅速快捷等特点。不过更重要的是数学建模，或者应用数学模型方法还有着这样一些不同寻常的意义。

1. 数学建模是科学中运用计算方法的基础

对于现代科学来说，计算方法已经成为与实验方法、理论方法并列的第三种一般性的科学方法，计算方法在现代科学研究（无论是自然科学、技术科学，还是经济科学、思维科学，甚至人文学科的研究）中得到广泛的应用，甚至可以说现代科学的发展也就是计算方法的发展，现代高技术就是与计算密切相关的数学技术。任何一门科学中之所以能够运用计算方法就是因为该门科学中建构了相应的数学模型。要运用计算方法，首先要把该门科学的问题转化为数学问题，就是把背景（科学）问题表述为数学问题，也就是建构了数学模型，对数学模型进行推演（演，演算，即计算）得到计算结果，然后再解释为该门科学的结果。因此，数学建模就为各门科学运用计算方法提供了可计算的技术基础。

2. 数学建模是数学成为人类文化的重要组成部分

数学课程标准指出，数学是人类文化的重要组成部分。其关键因素在于："数学与人类发展和社会进步息息相关，随着现代信息技术的飞速发展，数学更加广泛应用于社会生产和日常生活的各个方面。数学作为对于客观现象抽象概括而逐渐形成的科学语言与工具，不仅是自然科学和技术科学的基础，而且在人文科学与社会科学中发挥着越来越大的作用。特别是20世纪中叶以来，数学与计算技术的结合在许多方面直接为社会创造价值，推动着社会生产力的发展。"无论在哪门科学、在哪个学科中的应用的关键都是数学建模，与计算技术的结合主要就是运用前面说的计算方法，当然数学建模也是关键。数学语言和数学工具的基础作用就在于是任何领域中数学建模的基础，在一些不同的文化领域中数学建模都起着关键的作用。

如运用数学模型做出重大决策——如核武器发展方向的决策。

例如核炸弹发展的一个关键是提高毁伤力，炸弹的毁伤力和许多因素有关，最主要的因素是炸弹的爆炸力和炸弹爆炸的命中精度。在核武器的发展过程中就有提高爆炸力为主和提高命中精度为主两个发展方向。

19世纪下半叶，英国物理学家麦克斯韦开创了电磁场理论，起关键作用的是他对电磁场构建了一个数学模型，一个偏微分方程组（1864年，后来就称为麦克斯韦方程组）。由方程组进行数学推演得到的数学结果（方程组的解）解释为电磁学领域的语言，就表示应该存在一个以光速传播的交变电磁场，就是电磁波。就是说麦克斯韦通过数学建模预言了电磁波的存在，1888年德国的赫兹发现了电磁波，由此拉开无线电技术的序幕。

还有用数学建模解决一些重大的文化问题——如用数学解读人类历史，数学模型精确再现古代复杂社会演化。

一个跨学科团队的最新研究表明，激烈的战争是大型复杂社会进化的驱动力；而他们通过数学模型所得出的结论，与历史记录相当吻合。该研究把重点放在了军事创新的传播以及生态和地理因素的互动上。研究人员模拟了公元前1500年到公元1500年间欧亚非地区的实景，与历史记录比照并得到了印证。结果显示，在这期间，与"马"相关的军事创新主导了该地区的战争，比如说战车和骑兵。同时，地理因素也是关键之一，因为生活在欧亚草原上的游牧民族影响了周边的农耕民族，从而使进攻战这一形式很快传出了草原。研究预测，战事越激烈的地方，越有可能出现更高级的社会结构。这种结构考虑到了大量非血缘关系人之间的合作，以及大型、复杂的国家形态。对于不同人种建立国家能力各不相同的原因，现有理论通常只是一些口头假设。而那个研究想做到的是量化、可检验的预测。该模型所预测的大规模社会的传播，与实际情况非常类似；2/3 的与大规模社会兴起相关的变量，都可以用它进行解释。一位研究者说："这项研究之所以令人兴奋，是因为我们并不是在讲故事或描述发生了什么，而是可以定量、准确地解释历史规律。这将有助于我们更好地了解现在，并可能最终帮助我们预测未来。"

3. 促进了数学科学的发展和各门科学的综合

由于数学自身特别是数学在其他科学技术中的应用和发展，现在的数学已经发展到了数学科学的层次。"数学科学主要包括核心数学（或纯粹数学）和应用数学、统计学和运筹学、延伸到理论计算机科学等其他领域的数学范围。其他许多领域，如生物学、生态学、工程学、经济学的理论分支与数学科学无缝地结合。""数学科学与其他许多科学、工程、医学，以及越来越多的商业领域，如金融和市场营销，存在交叉和融汇。"一句话，由于数学应用的领域日益广泛，把所有运用数学的学科的数学内容与核心数学、应用数学综合起来，就是数学科学。"数学科学的强大核心包括基本概念、结果以及持续进行的、能够以不同方式被应用的探索，这是联系所有数学家的共同基础，对整个数学科学事业也是必不可少的。"

这个持续进行的能够应用的就是数学建模，正是数学建模构成了数学科学的基础。数学建模的发展自然推动着数学科学的发展。数学建模这个基础以及在所有的数学应用中都有数学知识的交叉和融汇，在各门科学中广泛采用的数学模型的交叉和融汇自然提供了这些学科综合的新的可能性，这又直接促进了各门科学的综合，而综合是现代科学发展的趋势之一。

二、数学建模与创新能力培养

创新人才的培养是职业教育的新要求。高质量人才的培养不仅需要传统意义上的逻辑思维能力和推理能力，还需要为所涉及的专业问题建立数学模型，进行数学实验，使用先进的计算工具。因此，如何培养学生的学习兴趣，培养学生的学习积极性及求知欲，培养学生的创新能力和创新意识，已成为高职教育亟待解决的问题。在高职数学教学中，传统的数学教学往往注重知识的传授、公式的推导、定理的证明和应用能力的培养。这种模式有时也是相当成功的，但这种教学模式不能有效地培养学生的学习兴趣，培养学生的学习积极性、求知欲、创新能力及创新意识。[①]

如何培养创新意识以及创新能力，没有现成的模式可以遵循，没有既定的方法可以应用，只能通过教师的探索和实践。近几年来，中国几乎所有的大学都开设了数学建模和数

---

① 高瑾，林园. 基于数学建模的大学生创新能力和综合素质培养 [J]. 教育教学论坛，2017（40）：214-215.

学实验课程，在人才培养和学科竞赛方面取得了显著成绩。如何把实际问题与他们所学的数学知识联系起来，如何根据实际问题提取数学模型；建模方法和技术，数学模型中涉及的各种算法以及这些算法的实现；在相应的数学软件平台进行计算等已成为我们研究的重点。

（一）数学教学在高职院校中存在的问题及培养学生创新能力的必要性

高等数学、经济数学等数学课程是高职院校工程、机械、电气、计算机、经济管理等专业的一门重要基础课程。作为一种工具，它在其他专业课程中起着非常重要的作用。然而，高职院校注重专业课程和专业课程的实践，较为忽视基础课教学，尤其是对专业基础课的数学教学。另外，受高校扩招等因素的影响，高职学生的素质有所下降，一些学生在数学学习中存在着各种各样的心理障碍，如没有自信、目的不明确、缺乏兴趣等。同时，一些高职数学教师的教学模式不合理，还是按照过去普通的教育模式。在教学过程中，以概念讲解、定理证明、计算技巧为主。在数学概念的引入中，实践背景不足，实际应用与专业联系不够，课程课时有限，课程内容很难详细讲解，这使得学生感觉抽象，难以理解；教学内容不针对实际问题，使学生缺乏学习热情，对学习数学不感兴趣，培养和提高数学素质的能力更难以体现。此外，高职数学教材比较理论化，忽视了数学知识的应用和延伸，没有突出专业性和实用性的特点。而今，随着科学技术的飞速发展，创新对促进一个国家的经济和社会发展具有很强的作用。我国正处于知识快速发展和科技发展的阶段。因此，培养具有创新意识和创新能力的人才显得尤为迫切。高职学生喜欢独立思考，有很强的创新意识，喜欢尝试做新的事情。因此，这一时期最容易培养他们的创新意识，提高他们的创新能力。高等职业教育作为高等教育的重要组成部分，肩负着为经济建设一线培养合格的应用型人才的重任。在新形势下，要注重培养学生的创新精神和创新能力，提高学生的就业能力和社会竞争力。

（二）培养学生的数学建模创新能力

1. 数学建模活动可以改变学生对数学学习的认识，提高学习数学的兴趣

数学课程的教学是围绕数学概念、数学方法和数学理论进行的。这在传统的长期的教学中已经形成了固有的经典模式。许多定理、公式和方法的讲授都是严谨的、教条的、死板的。有部分学生在传统的应试教育下比较适应这种学习方式，这也能使学生学到很多数学知识。但是，这样获得的知识大多数都是用来应付考试的，对大多数学生来说，除此之外似乎毫无用处，以至于很多学生认为学习数学对以后的工作没有用，于是对学习数学失去兴趣。数学建模为数学方法与实际问题之间的联系开辟了道路。在建模活动中，我们要

求学生在实际问题中简化、抽象、组织及分拣数据,并用数学结构表示。在解题完成后,有了结论,学生还需要检验他们的结论,如果与实际不相符,还需要进行纠错或改进。学生在数学建模中体会数学在解决实际问题中的价值和作用,体验数学与生活和其他学科之间的关系,体验运用数学知识、方法及计算机、数学软件工具解决实际问题的过程。我们应该增强应用意识,认识到数学就在我们身边,这将激发学生学习数学的兴趣。

2. 通过数学建模活动提高学生自学能力和综合应用知识能力

在数学建模的过程中,需要用到广泛的知识。这些知识除了与要解决的问题相关的专业知识以外,还需要掌握很多数学方法及计算机编程或软件的应用。例如计算方法、微分方程、运筹学、计算机语言、数学编程等。让某一个学生掌握好以上技能方法显然是非常困难的。在数学建模的培训中,教师也只会讲解一些较为经典的方法及例题,不可能涉及解决问题需要的所有知识。因此,在正式比赛中,学生首先要在两道题中进行选择,选择一道适合本团队,即对本团队成员来说较为容易解决的问题来做。之后需要广泛地查阅相关信息及资料,包括从教材、相关论著及网络上找可以使用的方法及已有的解决类似问题的方法,并从中提取他们在解决本问题中可以用到的方法。在正式的数学建模竞赛中,一个团队的3名学生按照比赛纪律要求,是不能与任何其他人进行交流的,包括指导教师和其他参赛团队。遇到难以解决的问题时,他们也只能通过团队内部讨论和不停地学习来寻找解决问题的方法。通过这样的比赛,极大地锻炼了参赛学生的自学能力及查阅资料信息的能力。这种能力的具备,对学生应对未来具有挑战性的工作是非常有帮助的。

3. 数学建模可以培养学生利用计算机处理数据的能力

数据作为目前最火热的 IT 行业的词语,随之而来的数据仓库、数据安全、数据分析、数据挖掘等围绕数据的商业价值的利用逐渐成为行业人士争相追捧的利润焦点。随着数据时代的来临,数据分析也应运而生。运用计算机,使用相应的处理软件可以用来处理复杂的计算问题和烦琐的数据统计、分析等。这些数据的处理或计算若通过人工计算其复杂程度是难以想象的。同时,利用计算机还可以将数据进行更直观的表示。如利用计算机编程或利用软件包来完成大量复杂的计算和图形处理,或者利用计算机进行大量数据的统计分析,绘制数据直方图、饼状图,进行数据拟合,绘制拟合曲线;进行计算及预测等。这样的计算工作,没有计算机及相应软件程序的应用,想要完成是非常困难的。由此可见,通过数学建模,可以提高学生使用计算机处理数据的能力,而这种能力正是时下最热门和急需的。

4. 通过数学建模活动,可以增强大学生的适应能力和团队协作精神

当今社会科技发展迅速,如不能适应社会的快速发展,最终就会逐渐被社会潮流抛弃。数学建模竞赛的问题都是当下热门的社会、经济及工业问题。通过参加比赛,可以使学生

了解当下的科技热点，学习最新的理念、解决问题的方法。这样就可以锻炼参与者的综合素质。以后不管他们从事哪一个行业，都能很快地适应工作并且发挥得更好，能更容易找到创新的方法。完成一项大型的系统工程，一个人的能力再强也是精力有限的，这就需要团队合作，优势互补。在数学建模竞赛中，由于问题的复杂性需要用到多方面的知识，在比赛的三天中，要查资料，要解决使用什么数学方法的问题，要建立数学模型，要利用计算机运算、统计、画图，最后还要组织语言，写一篇流畅、语义表述清晰的论文。不同的学生在不同领域各有优势，为了最终拿出出色的成绩，必须要团队协作。在比赛中，大家学会了倾听和尊重他人的意见，学会了信任，也学会了适当地妥协，学会了怎样与人合作。这样就很好地锻炼了学生的团队协作精神，这在今后的工作中也是极其重要的。

三、简单的数学模型和数学建模的基本步骤

因为数学模型法的应用特别广泛，具体的建构方法和应用方法可以说是千变万化、层出不穷，所以至今尚没有得出一套公认的比较完善的规律和程序——这正是数学建模学科研究的内容，因此这里只能指出一般的方法论意义上的建模方法和步骤。

（一）主要的数学建模方法

主要的数学建模方法有两大类：机理分析法和数据分析法。

1. 机理分析法

所谓机理分析，指对基本结构比较清晰的对象，根据对要建模的原型领域的事物特征的认识，找出反映其内部机理的空间形式和数量关系的规律，也就是通过事物涉及的基本定律和系统的结构来寻找与之相似的数学工具作为数学模型。这样建立的模型一般都有明确的物理或者实际意义。例如，离散性的问题可以运用代数方法模型，社会学、经济学领域的问题、涉及决策对策的问题一般用逻辑方法模型，涉及变量之间的关系的问题一般用微分方程模型。

2. 数据分析法

所谓数据分析，指对内部机理不很清晰的对象，可以把要建模的原型领域的事物看作一个"黑箱"系统，通过对系统输入输出数据的测量和统计分析，按照一定的准则找出与数据拟合得最好的数学工具作为数学模型。例如，可以用回归分析法建立模型，叫作数理统计模型；也可以用时序分析法建立模型，叫作过程统计模型。数据分析法还可以利用计算机仿真以至于利用人工智能系统建立数学模型团。①

---

① 沈大庆. 数学建模 [M]. 北京：国防工业出版社，2016.

(二)数学建模的步骤

数学建模一般经过模型准备、模型假设、模型构成、模型求解、模型分析、模型检验和模型应用等步骤,如图 5-3 所示。

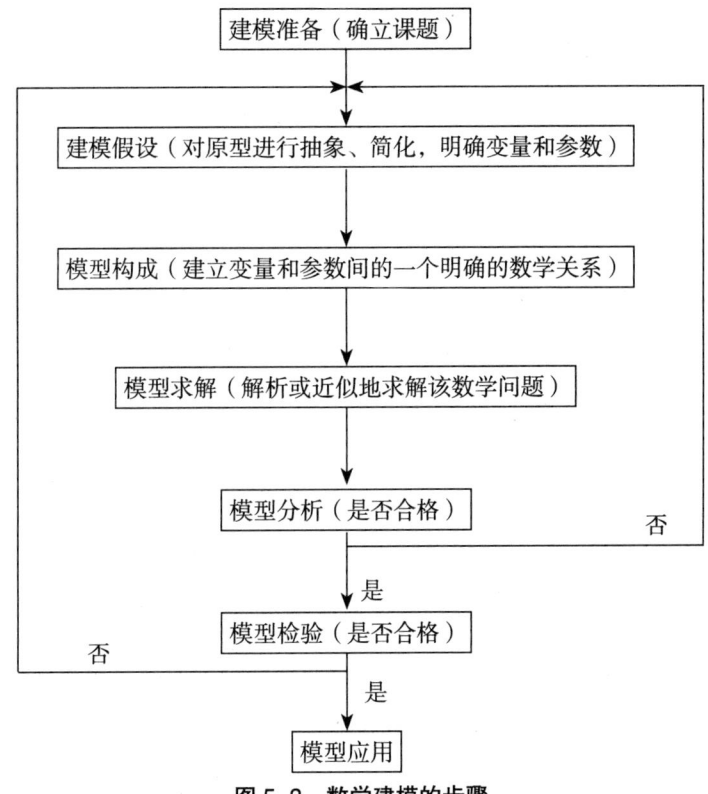

图 5-3 数学建模的步骤

1. 模型准备

了解问题的实际背景,明确建模目的,搜集必需的各种信息,尽量弄清对象的特征。就是提出要解决的问题并用清晰明确的语言加以表述,为进行机理分析或者数据分析奠定基础。

2. 模型假设

根据对象的特征和建模目的,对原型问题进行适当的抽象和假设,决定采用何种方法建构模型——是机理分析还是数据分析。然后依据采用的基本方法,分析各种因素,做出理论假设。

3. 模型构成

根据所做的假设分析对象的因果关系,并进一步抽象出表述对象特征的形和量,利用对象的内在规律,确定各个形和量的数学结构,也就是用数学的语言,或者利用现成的数学工具,或者创造新的数学工具描述对象的内在规律。这就具体地构成了数学模型。这里应该遵循反映性原则，数学模型应该与原型的空间形式和数量关系相似，也应该遵循简化原则，使所采用的现成的数学工具具有最简性，遵循可推演原则，使所创建的新的数学工具是有数学意义的有效数学模型。

4. 模型求解

模型求解就是解数学模型表达的数学问题，可以采用解方程、画图形、证明定理、逻辑运算、数值计算等各种传统的和近代的数学方法，特别是通过计算机技术得到模型问题的结果；也可以采用数据分析的方法，对统计模型进行数据分析，并进行统计推断得出相应的模型问题结果。两者都需要得到有意义的数学结果，这也是可推演原则的要求。无论是机理方法还是数据分析方法得到的模型求解一般都需要大量的计算，许多时候还需要采用计算机模拟，因此可推演原则中自然也就包括了计算机编程和数学应用软件利用。

5. 模型分析

对模型解答进行数学上的分析。例如数学推演结果的逻辑分析、误差分析以及数据分析结果的灵敏度分析。若符合要求，可以将数学模型进行一般化和体系化，按此解决问题；若不符合要求，则进一步探讨，需要返回模型求解的步骤重新求解，直到数学上符合要求为止。

6. 模型检验

把数学模型的解概括到原型的领域，也就是把模型分析的结果翻译回到原型问题上，并用原型问题的实际现象、实际发生的数据与之比较，检验模型的合理性和适用性。如果经过检验，模型的推演结果和原型的真实结果一致，那么这个数学模型就构成这个原型领域的一个成果，不仅解决了建模开始时提出的原型问题，而且作为经过验证的数学模型可以在以后运用——如果是创新的数学模型，还同时是数学的成果。如果经过检验模型推演的结果与原型的真实结果不一致，则需要返回到模型假设那一步，重新进行假设，并依新的假设，重复以上各个步骤，直到得到需要的结果。

7. 模型应用

原来现成的模型的应用就是用数学模型达到建模的目的——解决原来提出的原型问题；此次新创建的数学模型可以作为新的数学工具得到存储和编目，以备以后的建模运用。同时无论对哪种模型，还需要在应用中不断优化，即对假设和数学模型不断加以修改，得到几个不同的模型，对它们要进行比较，直到找到最优模型。

数学作为在经济领域应用极为广泛的学科，近年来越来越得到广大经济学界人士的关注。将现实中复杂的经济学难题抽象为数学函数模型，通过控制变量，不断发掘不同经济变量在经济生活中的影响力以及重要程度，对于人类更好地应用数学来解决实际问题有着很大的帮助。当代经济学人士应充分把握数学，构建完整的数学模型思维，将经济学问题科学化，将数学学科实际化，二者相互作用、互相促进，从而推动社会经济发展，促进数学学科繁荣。

第六章 大学数学教育教学实践

第一节 大学数学教学在社会学上的应用

一、数学教学与学生的社会化

（一）数学教学的社会化功能

教育社会学认为，"个人接受其所属社会的文化和规范，变成社会的有效成员，并形成独特自我的过程"称为社会化。教育与社会化之间的关系是"社会化是一般性的非正式的教育过程，而教育乃是特殊性的有计划的社会化过程"。在今天看来，现今社会的有效成员不仅要接受社会文化和社会规范，而且要突破某种文化和规范的限制进行创造性的思维和实践。

教学作为学校教育的主要方式，当然也具有这种社会化功能，它是一种特殊的、有计划的社会化过程。通过教学，使学生接受社会文化和社会规范，并进行创造性的思维和实践，同时形成自己的个性。

社会化过程是有条件的。一个人的社会化进程取决于这个人的个体状况、他所处的环境状况，以及个体与环境的交互作用的状况。个体身心发展状况是个人社会化的基础；环境对个人社会化进程有巨大的影响，其中，给人以最大影响的社会文化单位是家庭、同辈团体、学校和大众媒体。

从学校教育的社会化功能这一角度来说，数学教学既是一种科学教育，也是一种技术教育，同时还是一种文化教育。

（二）社会化的机制——认同与模仿

数学教师主要在课堂教学过程中展现他的形象与气质，如果他的外部形象整洁、精神、落落大方，对待学生和蔼可亲、要求严格而合理，言谈举止很有风度，那么作为范型，便能够补偿学生自身特质的不足，使学生产生认同作用，无意识地采取教师的行为方式；或者产生模仿作用，有意地再现教师的行为方式。反之，如果教师的外部形象不整洁、精神萎靡，对待学生声色俱厉、要求不严格或虽严格但不合理，言谈举止毫无风度可言，那么，或者他作为范型，使学生产生认同或模仿，有意无意地重复不合乎社会期望的行为方式；或者使学生将其与正面对象比较，产生范型混乱，不利于学生的社会化。如果数学教学过程只是作为数学科学的教学，或只追求教学的科学性，不突出数学的美，不注意数学教学的技艺或艺术创造，数学教学所呈现的方式不具有形象性或艺术性，那么这种教学方式就不能使学生产生美感，不易引发学生对教学方式的认同或模仿。

因此，把数学及其教学作为审美对象的数学教学艺术，有利于树立正面的范型，使学生产生认同或模仿，易于在传播数学知识的同时，使学生接受社会认可的行为、观念和态度，起到社会化的作用。

二、数学教师的社会行为问题

教育的社会化功能主要是指学生的社会化，但是学生的社会化要求教师的社会化。教师的社会化归结为个人成为社会的有效教师，即合格教师的这一关键问题上来。教师社会化的过程一般分为准备、职前培养和在职继续培训三个阶段。准备阶段是普通教育阶段，对教师的社会形象有个初步了解。职前培养通常在师范院校或大学的教育专业进行。这是教师社会化最集中的阶段。在这个阶段，教师知识技能、职业训练及教师的社会角色和品质，通过教育习得在职培训是在做教学工作的同时继续社会化，是臻于完善的时期。

（一）与学生沟通的艺术

教学是一种特殊的认知活动，师生双边活动是这种认知活动的特殊性的表现之一。数学教学活动顺利进行的起点是数学教师与学生相互沟通，因此，讲究与学生沟通的艺术是数学教学艺术对教师社会行为的首要条件。

沟通的基本目的是了解，毫无了解必难以沟通。因此，应当在对学生有个基本了解的情况下来沟通。在学生入学或新任几个班的数学课时，通过登记簿、情况介绍等了解学生的自然情况、学习情况、身体情况、思想状况，尤其是学生的突出特点、个人爱好，做到心中有数。这种了解是间接了解，在学生跟教师第一次个别接触时就使他认为教师已经了解了他的基本情况，比通过直接接触才了解要好得多。如果第一堂课便能叫出全班学生的名字，学生便会产生一种亲切感。反之，如果第一堂课只能叫出数学成绩不好的一两个学生名，效果也会不佳。

师生沟通如果是"问答式"，那么学生会处于"被询问者"的被动局面，情感的交流便不会充分。而"交谈式"则不同。教师对学生具有双重角色，既是"师"，作为学生认同或模仿的模式；又是"友"，作为学生平等合作的伙伴。"师"的角色是显而易见的，师生在沟通中学生明显地知道这一点；而"友"的角色却是隐蔽的，只有在沟通中使学生具有平等感，学生才能逐步认可。交谈式的沟通，师生相互谈自己的情况，共同捕捉感兴趣的共同点，在了解学生的同时，学生对教师也有所了解，才能建立一种师生间的伙伴关系。

教师在教学情境中应尽量避免伤害学生的感情。如果学生做错了题，不能表现出蔑视的眼神或动作，而应当用友好的表情暗示他做错了；也可以用手指着他错的地方说，"你再仔细看看"。如果学生听课时在做别的事，应当避免在课堂上单独指出，可以泛指，但眼睛别盯着他，让大家注意听讲即可；也可以课后单独友好地询问他是什么原因上课溜号。一定要指出学生的错误，但尽量不用指责的语言，而用中性的语言，比如"可能学习基础不好"之类。

（二）赞赏与批评的艺术

赞赏与批评是特殊的沟通，它们是通过教师对学生行为的评价来进行的沟通。赞赏是教师对学生的良好思想、行为给予好评和赞美，批评则是对受教育者的思想行为进行否定性评价。

赞赏的恰当与否对沟通会起到不同的作用，恰当的赞赏起着积极作用、不恰当的赞赏起着消极作用。恰当的赞赏是肯定学生的合乎社会规范的行为，但不涉及学生的个性品质；不恰当的赞赏是肯定不应当肯定的行为或虽应肯定但同时涉及了学生的个性品质。如果一个学生创造性地解决了一个数学问题，教师说"你这个方法真巧妙，很好"，就是恰当的赞赏；如果说"你这个方法真巧妙，你真是个好学生"，那就涉及了个性品质。后一种赞赏在肯定学生行为的同时也做出了"好学生"的评价；那么，没有想出这个巧妙方法的学生就成了"坏学生"。即使是对着本人来说，将"巧妙的方法"与"好学生"等同起来也是不对的。对不应当肯定的行为的赞赏，其消极作用是不言而喻的。赞赏的这个区别在于"对事不对人"。具有这种赞赏艺术修养的是对学生行为客观、公正的态度。一般来说，学生虽未成年，但也有憎爱情感和矛盾感。因此，赞赏的根据是"事"，而不是做出此事的"人"。是对事的赞赏就不必涉及个人的品质，对待个人品质的评价必须谨慎。教师对学生在接近程度上会有远近，有的可能喜欢些，有的一般，另一些可能相对比较厌烦，可是在赞赏时切不可从这种感情出发。

赞赏对于不同的学生可能引起不同的效果。一般来说，对于在学校或班级地位较低的学生，教师的赞赏与其学习成绩呈正相关；对于地位较高的学生，赞赏与其学习成绩相关性小，甚至呈负相关。这是由于这样的学生常常受到赞赏，视其为当然。而对于地位低的学生，由于得到好评而受到鼓励。

与赞赏相反的是批评，批评是对学生思想或行为的否定性评价。同样地，批评的恰当与否对沟通也会起到不同的作用。批评更不要涉及个人品质。如果某学生做不出某道题，而其他学生都会，一般不能批评而是说："你看看是什么原因不会做？是题目没懂还是刚才没听明白？"如果是没有认真听讲，就说"请上课时集中精神"，或批评他"没用心听课怎么能会呢？"而不应当批评说"你这个学生连这道题都做不出来，真笨！"对地位低的学生的批评也不能随便，因为经常批评对他视为当然；尤其是不应当否定的行为，一旦批评了，使他产生逆反心理，拉大了与教师的距离。与赞赏相比，批评更加不能用"一贯"或"最"之类的评价。不能因为一次考试打小抄而批评说"你这个孩子最坏"；也不能因为学生多次不完成作业而说"你一贯不完成作业"。同样地，批评也要具体，尽量避免笼统的批评。

（三）课堂管理的艺术

课堂管理是顺利进行教学活动的前提。它的目的是及时处理课堂内发生的各种事件，保证教学秩序，把学生的活动引到认知活动上来。

课堂管理有两种不同的手段，一种是运用疏导的手段进行管理，另一种是采用威胁和惩罚的手段进行管理。前者是常规管理，后者则是非常规的。有效的管理是常规管理，非常规管理往往因为学生的消极或对立而无效，至多被暂时压制下去。

疏导的手段有两种控制力量在起作用，一种是学生自我约束的内在控制，另一种是课堂纪律的外在控制。学生的自我约束是在明确了学习目标、为完成学习任务而进行的自我调解活动，把自己的行为控制在有利于完成学习任务的范围以内。课堂纪律则是从反面对影响学习活动的行为的限制。教师的疏导就是将不利于学习的行为引导到有利于学习的行为，把纪律的合理性与学生的自我约束统一起来。常规管理的根本目的是发展学生的自我约束能力，只有将纪律转化为学生的自我控制力，把"他律"转化为"自律"，管理才能有效。

在处理课堂纪律和学生自我控制能力的关系上，要讲究教育方式和主动方式。教育方式就是不去正面指出某学生违反了纪律，而是通过另一些学生克服困难遵守了纪律来教育他们。一个学生因晚起床而迟到，另一个学生家很远却按时到校，那么不必当面批评前者，而应表扬后者，这就是教育方式。

常规管理的疏导有说教、批评和制止三种形式。有人认为说教是婆婆妈妈，往往不起作用。实际上，说教的要点是利害分析，从违反课堂纪律能够得到的效果入手进行恰如其分的分析，使其明了危害。这样的说教不仅不能取消而且要提倡。问题是，第一，不能反反复复就那么几句话，而应"见好就收"；第二，不能空洞，泛泛而论，小题大做，而应实事求是。疏导不等于不批评，但要抓住典型事例，进行善意的批评。对一般的有碍课堂秩序的行为或暂时不明了的事件，只需制止或课后处理。

由于数学概念的抽象、命题推演的严密、数学方法的技巧性等，对于课堂内的偶发事件，教师往往容易冲动。内心的冲动使心理不再平衡。这时要谨记，保持冷静才能实行常规管理。

三、师生关系

（一）善于组织班级

教师面对的学生首先是学生的班级与各种同辈团体，其次才是学生个人、班级。与同辈团体不同，班级是学校的正式组织，而同辈团体则是非正式的。处理好师生之间的人际关系首先要处理好教师与学生班级间的关系。

教育社会学认为，班级是由班主任（或辅导员）、专业教师和学生两种角色组成的，通过师生相互作用的过程实现某种功能，以达到教育、教学目标的一种社会体系。这种社会体系有什么功能呢？美国的帕森斯认为有社会化功能和选择功能；有人提出还有保护功能，我国有人提出还有个性化功能。社会化是指培养学生服从于社会的共同价值体系、在社会中尽他一定的角色义务等责任感，发展学生日后充当一定社会角色所需的知识技能。选择功能是指根据社会需要在社会上找到他所选择的位置以及社会对人的选择。保护功能是指对学生的照顾与服务。个性化功能是指发展学生个体的个性生理心理特征。

数学教师与学生班级之间是通过数学教学活动相互作用构成一个整体的，是通过数学知识、技能的传递培养学生充当一定社会角色的能力，为学生适应社会选择以及发展个性和生理、心理特征相互作用的。熟练的数学教学技艺和创造性的数学教学，不仅生动形象地传递数学知识与技能，而且表现了数学美和数学教学美，使数学教学具有感情色彩，给学生适应社会选择创造必备的条件。对一般学生而言，数学教学艺术能够培养学生学习数学的兴趣，以形式化、逻辑化的数学材料完善其认知结构。对于特殊爱好数学的学生而言，数学教学艺术能够提高他的形式化、逻辑化思维水平，促进其心理发展。反过来，必要的认知结构也符合社会共同的价值体系，在普及义务教育的条件下更是这样，较高的形式化、逻辑化的思维水平也便于进行社会选择，因此，数学教学艺术有利于发挥班级作为社会体系的功能。

教育社会学还认为，影响班级社会体系内部的行为有各种因素。盖泽尔和赛伦认为主要有两个：一个是体现社会文化的制度因素，另一个是体现个体素质与需要的个人因素。因此，教学情境中班级行为的变化有两条途径：一条是人格的社会化，使个性倾向于与社会需要相一致，另一条是社会角色的个性化，使社会需要与学生个性特点、能力发展等相结合。这两条途径的协调，取决于教师的"组织方式"，即教师在组织班级活动时的组织方式。"问题是数学的心脏"，以问题带目标，以目标体现社会化要求。同时，问题及目标应当合理，合乎班级学生的认知水平，才能为学生全体所接受。另外，每一个学生都要认同教学目标，将这些教学目标变成数学学习需要的一部分。

还有，教育社会学还提出教学中教师与班级学生间互相作用的交互模式。艾雪黎、柯亨、斯拉特等人认为，师生班级教学有三种模式：教师中心、学生中心和知识中心。第一种，教师中心模式以教师的教学为师生的主要活动，教师代表社会，以教师把握的社会要求、制度化的社会期望来直接影响学生，为了达到目标而达到目标，学生被动活动，这种交互模式易于出现教师专横，学生消极甚至反抗的情况。第二种，学生中心模式，教师从学生的素质和需要出发组织教学活动，教师处于辅导地位，以学生的学习动机来控制学生，采取民主参与的方式，教学目标是为了学生的发展。这种交互模式有利于发挥学生的积极性，但易与社会目标相背离。第三种，知识中心模式，强调系统知识的重要性。师生教学是手段而非目的，目的是掌握所需要的知识。

（二）正确引导学生的同辈团体

在学校中，学生个体除了受到教师等成人环境的影响以外，还要受到同辈环境的影响。同辈团体是指在学生中地位大体相同、抱负基本一致的年龄相近，而彼此交往密切的小群体。学校中学生的同辈团体虽然不是正式的社会组织，没有明令法规和赋予的权利、义务；但是学生在同辈团体环境中地位平等，又有自己的行为规范特征和价值标准，因而有相对于社会文化的亚文化。但这种亚文化不像校风、班风那样的亚文化，它有时与学校的主流文化一致，有时又与之相悖。

数学教师往往对数学学习成绩差的学生同辈团体采取冷漠态度，这只会加深这样的同辈团体与数学的阻隔；而对数学感兴趣的学生一般并不形成同辈团体，也很少在不同同辈团体中有较大的影响力。因而数学学习好一般不能成为学生同辈团体的价值标准。在基础教育尤其是义务教育中，数学学习与学生同辈团体的这种相悖的状况不利于数学教学。

数学教师应当在教学情境及学校活动中正确引导学生的同辈团体，巧妙地施加影响，正确发挥同辈团体的功能，引导其向有利于数学教学的方向发展。第一，虽然同辈团体的亚文化有时与社会行为规范和价值标准相背离，但是它依然能够反映出成人社会的特征。学生可以通过同辈团体学习成人的伦理价值，诸如竞争、协作、诚实、责任感等标准。所以，只要数学教师对他们不采取敌对态度，友善地对待他们，就可以巧妙地加以利用。第二，同辈团体具有协助社会流动的功能。学生来自社会各阶层的家庭，例如工人、农民、干部、知识分子等家庭，受家庭或社会的影响，学生可能有获得较高社会地位与较低社会地位的志愿，而学生同辈团体可以因各种原因而接纳不同家庭背景和不同志愿的学生。这样，同辈团体有助于改变家庭的影响与社会地位。前面说过，对数学感兴趣的学生一般并不形成同辈团体，但不是说一定不能形成这样的团体。事实证明，我国广泛组织起的"数学课外小组"或类似的学习小组，能够在其他同辈团体之外建立起来。不过，多数取决于数学教师的努力。数学教师在与学生相互沟通的基础上取得学生的同意，可以建立起这样的小组。不同家庭背景、不同志愿，甚至不同学习基础的学生被吸收进这样的小组，可以形成超越家庭背景、志愿高低，甚至学习基础的影响。第三，同辈团体的成员往往把同辈人的评价作为自己行为的参照系，这就是同辈团体作为一种参照团体的功能。研究表明，聪明、有智慧、学业优异的学生不一定能在同辈团体中享有威望，这就说明同辈团体成员不一定把学习好作为自己行为的参照系。而体育运动好、外表俊美潇洒、长于某种技能的学生可能成为同辈团体的楷模。有的学生宁愿受到孤立而乐于学习，或者这样的学生可形成独立于其他团体的小团体。

（三）师生的交互作用

教师与学生在数学教学情境下相互交流信息与感情，相互发生作用。我们探讨数学教学艺术与师生交互作用的关系，就要掌握师生交互行为、师生交互方式、师生交互模式、师生关系的维持等对数学教学的意义。

师生交互行为。美国的安德森等将师生的交互行为分为两类：一是教师对学生行为的控制；二是教师对学生行为的整合。前者称为"控制型"，是教师通过命令、威胁、提醒和责罚来控制学生的行为。后者称为"整合型"，是教师同意学生的行为、赞赏满意的行为、接受学生的不同意见、对学生进行有效的协助。在数学教学中，控制型使学生的学习行为变得被动，往往呈现较多的困难。整合型能够整合教师与学生的正确意见和行为，师生双方及时交流信息和感情，使学生主动学习，乐意解决问题。

教师的七类行为分别是：第一类，接纳，接纳学生表现的积极或消极的语言、情绪；第二类，赞赏，赞赏学生表现的行为；第三类，接受或利用学生的想法；第四类，提问题，提出问题让学生回答。这四类是教师对学生间接影响的行为。第五类，讲解，讲述事实和意见，表达教师自己的看法；第六类，指令，给学生以指示、命令或要求，让学生遵从；第七类，批评或维护权威，批评、谩骂，以改变学生的行为，为教师的权威辩护。

弗兰德斯将教学过程分为三个阶段，每个阶段又分为两步，以便分别研究教师的行为在不同阶段对学生行为的作用。第一阶段是教学的前阶段，第一步，问题的引起与提出，第二步，了解问题的重要性；第二阶段是教学的中阶段，是第三、四步，第三步，分析各因素间的关系，第四步，解决问题；第三阶段是教学的后阶段，是第五、六步，第五步，评价或测量，第六步，应用新的知识于其他问题并做出解释。

弗兰德斯的研究表明，在教学的前阶段，教师的直接影响即教师的第五至第七类行为会使学生的依赖性增加，而且学生成绩降低；反之，教师的间接影响即教师的第一至第四类行为会减少学生的依赖性，而且学业成绩提高。在教学的后阶段，教师的直接影响不至于增加学生的依赖性,而会提高学业成绩。

数学教学过程中,教师应参照弗兰德斯关于师生交互作用模式的研究,善于运用对学生的直接影响和间接影响,在教学过程的不同阶段恰当地施加不同的影响。无论概念教学、命题教学还是问题解法教学,在导入新课和进行教学目标教育的第一阶段,应当运用教师对学生的间接影响,接受学生的感受并利用学生的想法,赞赏学生的有益意见或者提出问题让学生回答。这样来减少学生对教师的依赖,激发学习动机,增强学习的主动性。但是,在评价、训练或强化教学的后阶段,则可以对学生施以直接影响,进行讲解和指令。对于教学的中阶段,即分析问题和解决问题的阶段,应依具体情境交替施以直接影响或间接影响。这个阶段比较复杂。若这个教学阶段有前一阶段的性质,就是说虽然是分析解决问题,但具有了解问题的性质,则类似于第一阶段;若这个教学阶段有后阶段的性质,就是说虽然是分析解决问题,但具有评价的性质,则类似于第三阶段。

教学目标是教育目标在教学领域的体现,它同时成为学生的学习目标和课程编订的课程目标。教学目标既有社会要求,又要促进学生的身心发展。在教学计划体系中,教学目标主要在教学大纲中规定。因此,作为师生教学活动出发点和归宿的教学目标,是维持师生关系的纽带。数学教师不仅要根据教学大纲的规定深入研究课本上的教学内容,将规定的教学目标分解成各节课堂教学的具体目标;还要根据教学班学生的认知发展实际,将目标的提出合理化,为所有的学生认同。

数学教师在课堂教学中应当依靠自己的领导方式促进正常的班级气氛。在教学中遇到困惑的时候,如果仍然能坚持民主的方式,那么他与学生的关系常会得以维持。

第二节 大学数学教学的语言应用

一、数学语言与数学教学语言

(一)数学语言

数学语言是科学语言,是为数学目的服务的。几乎任何一个数学术语、符号都有它一个漫长而曲折的历史就说明了这一点。因而它与日常用语有着深刻的历史渊源,数的书写就是一个例子。

数学的符号与其他语言都是用来表示量化模式的。它是数学科学、数学技术和数学文化的结晶,是认识量化模式的有力工具。从这个角度说,数学教学就是传播数学语言,培养学生使用数学语言的能力,提高学生用数学语言分析和解决问题的能力。因而数学语言有其独特的特点,这些特点主要表现在两个方面:

第一,它是特定的语言,是用来认识与处理量化模式方面问题的特殊语言,虽然自然语言包括日常用语与科学用语,数学语言属于科学用语,但它与其他的诸如哲学、自然科学、社会科学、行为科学、思维科学等有所不同。这种特定语言的特定性并不妨碍其广泛使用。

第二,它是准确的,具有确定性而少歧义。俗语说"一就是一,二就是二",是说该是什么就是什么,用数字"一""二"来表达这个意思就说明数学语言的确定性。日常用语的语音、词汇和语法都会随着语言环境的不同而有多种解释,甚至在一些社会科学中(比如教育学中)的许多用语都是这样。

(二)数学教学语言

数学教学除了运用数学语言以表现数学教学内容以外,还要运用数学教学语言。如前所述,数学教学语言有日常用语和数学教学用语,它们在数学教学中的作用是不同的。

数学教学用语主要是用来将数学语言"转述"成学生所熟悉的语言,以增强数学语言的表现力;而数学教学中的日常用语主要用来进行组织教学,使教学活动顺利进行。

人类学家和语言学家认为,任何语言(包括地方方言)都能够表达特定社会所需要表达的任何事物。但是,用某些语言来表达特定的事物需要"转述"。数学语言是一种特殊语言,向学生表达数学事实和数学方法时需要将数学语言转述成学生的语言。学生的语言是已经为学生内化了的语言,用它来转述数学语言能使数学语言内化,从而使数学语言所表现的数学内容内化为学生的认知结构。

数学教学中教师所使用的日常用语,是用来进行组织教学的。组织教学是教学的组织活动,保持教学秩序,处理教学中的偶发事件,把学生的行为引到认识活动上来的控制与管理。为了组织教学,教师经常要向学生发出一些指令、要求。"同学们,不要说话了"就是指示学生要静下来,把学生的注意力引到一元一次方程的求解上来。日常用语应当是学生明白的语言,不需要再转述。

二、学生的言语发展与数学教学

(一)言语与思维

在语言学和心理学中,为了研究人类尤其是学生的思维发展和语言发展,把个体在运用和掌握语言的过程中所用的语言称为"言语"。如果把某民族的语言归结为社会现象,那么个体的言语就是一种心理现象、个体化的现象，这种现象是在个体与他人进行交际时产生的。一个人用汉语与别人说话，说的"语"是汉语；所说的"话"（言）就是这个人的言语。说出来的"话"（言语）是汉语（语言）的使用和掌握，是个体对语言的掌握。简单地说，言语就是说话，是用语言说话。我们中国人用的是同一种语言，但可以说出大量的不同言语；即使在数学教学中用数学语言，也可以说出许多不同的言语来。

学生的言语发展与学生的思维发展的关系，就是语言和思维的关系。关于语言与思维的关系有各种不同的看法，其中有些与我们有关。

马克思和恩格斯认为，思维和语言"具有同样的历史"，"'精神'从一开始就很倒霉，注定要受物质的'纠缠'，物质在这里表现为震动着的空气层、声音，简言之，即语言"。这就是我们看到的思维和语言的区别与联系。思维和语言属于两个范畴，思维精神是语言的"内核"。语言是物质，是思维的"物质外壳"。思维要受语言的"纠缠"，二者密不可分。没有语言，就不可能有人的理性思维；没有思维，也就不需要作为思维活动承担者的工具和外化手段的语言。

思维是人的心理现象。它与注意、观察、记忆、想象等其他心理现象的区别是它具有创造性，创造性是思维的特征。苏联学者依思维的创造性的高低将思维分为再现性思维和创造性思维。再现性思维的特征是思维的创造性较低，这种思维往往在主体解决熟悉结构的课题时产生；创造性思维是获得的产物，有高度的新颖性，创造性较高，这种思维往往在主体遇到不熟悉的情境中产生。这两种思维的区分不是绝对的。任何思维都有创造性，再现性思维是创造性思维的基础，没有在熟悉的情境中的规律性认识，在不熟悉的情境中难以有什么创造。因而，任何思维都是再现性思维与创造性思维的结合。从心理学的观点来看，科学家和学生的创造性思维没有什么区别，科学家发现规律与学生的发现性学习有着共同的心理规律，但他们探求新规律的条件不同。科学家进行探求的条件是非常复杂、多样的真实现实。学生在学习中探求接触的不是现实条件而是一种情境，在这种情境中许多所需要的特征已被揭示出来而次要的特征都被舍弃了。因而，苏联学者将科学家的创造性思维称作独创性思维，将学生的创造性思维称作始创性思维。

苏联学者还依思维中意识介入的程度分为直觉—实践思维和言语—逻辑思维。直觉—实践思维是在直观情境分析和解决具体的实践课题，具体对象或它们模型的现实动作的过程中产生的，这一点大大地减轻了对未知东西的探求，但这个探求的过程本身是在明确的意识的范围之外，是直觉地实现的。比如说，在骑自行车时，"骑自行车"这一直观情境中，分析和解决骑自行车这一具体实践的课题，是在一套动作中进行的思维，这个过程是在明确的意识之外进行的，因而是直觉—实践思维。言语—逻辑思维是在认识的情境中分析和解决抽象的理论课题，是在进行理性的思考的过程中产生的，这个过程有明确的意识的介入。任何思维也都或多或少地有意识的介入，纯粹的毫无意识的思维并不存在。因而，直觉—实践思维中意识的介入少一些或不明确，言语—逻辑思维意识的介入多一些或很明确。任何思维也都是直觉—实践思维与言语—逻辑思维的结合。虽然直觉也是一种认识，但是主要通过动作、实践而不是通过理性的认识，因此直觉—实践思维还一时找不到言语来表达。与此不同的是，言语—逻辑思维这种认识由于意识的明显介入，主要通过理性活动来认识，能够准确地用言语来表达。直觉—实践思维简称直觉思维，言语—逻辑思维简称逻辑思维。

（二）学生的内部言语与数学教学

语言有口头语言与书面语言两种形式。言语除了口头语言和书面语言以外，还有内部语言。口头语言是口头运用的语言，书面语言是用文字表达的语言，口头语言和书面语言又叫外部语言。

内部语言是个体在进行逻辑思维、独立思维时，对自己的思维活动本身进行分析、批判，以极快的速度在头脑中所使用的语言。内部语言比起口头和书面语言，主要有以下特点：第一，内部语言的发音是隐蔽的，有时出声有时不出声。逻辑思维水平低的学生可能出声，思维水平高的则不出声。虽不出声，却在头脑中"发声"，这一点可由唇、口、舌等电流记录证明。即使出声也与口头语言不同，不那么响亮、连续，近乎嘟嘟嗤嗤，时隐时现。第二，内部语言不是用来对外交流，而是用来对自己要说的、要做的进行思考，对自己活动的分析、批判。当它有一定成熟意思后才表现为口头语言或书面语言，是"自己对自己说话"。在学生答题、做题、写文章的过程中会观察到这种内部语言活动。因此，它不像口头、书面语言那么流利，有时有些杂乱。第三，内部语言"说"得很快，很简洁，只是口头、书面等外部语言的一些片段。外部语言表达的意思通常比较完整，以句为单位，而内部语言却往往通过一个词或短句来表达同一个意思。因此比起外部语言来内部语言"说"得很快。在头脑里用内部语言打成的"初稿"到了外部说或写的时候就要扩大许多倍。

内部语言具有与口头、书面语言不同的上述特点，使内部语言居于更重要的地位。那就是，内部语言是口头、书面语言的内部根源，是逻辑思维的直接承担者和工具，逻辑思维通过内部语言内化。内部语言不仅是逻辑思维的物质基础，而且是思维发展水平的标志。

内部语言是外部语言的根源，它与逻辑思维有更直接的联系，因此要注意对学生内部语言能力的培养。数学教学通过发展学生的内部语言内化数学语言来发展学生的逻辑思维，进而发展直觉思维。为此，数学教师应当对学生的内部语言采取正确的态度，鼓励并引导学生大胆用内部语言进行数学思维，努力用正确的口头语言表达内部语言，用规范的书面语言表述内部语言。

第一，学生的内部语言在外部是可以通过仔细观察发现的。

鼓励学生的内部语言除了可以先心算后用外部语言表达外，还可以采取其他一些做法。

比如可以先让学生起立，再问问题，让他立刻解答，这就逼迫他先"想"后做，这个"想"就是进行内部语言活动。不过，在这样做的时候，教师不能带有"考核"的意图，而要使学生明白这是教师对学生的鼓励。因此，无论答案正确与否，教师都要赞同他大胆"想"的行为。

第二，教师的积极引导。学生一般不懂内部语言的重要意义，往往以为那是遇到数学问题时的"胡思乱想"。教师在课内外活动中应当向学生进行内部语言的示范，当然是出声的；也可以运用手势等非语言活动来表达内部语言活动。通过积极引导，使学生的逻辑思维与内部语言同步进行，用内部语言进行逻辑思维。

第三，教师要帮助学生将内部语言表述成正确的口头语言，使书面表述规范化。处于低水平逻辑思维的学生，其内部语言也比较混乱。纠正他错误思维的方法只能用外部语言的正确表述进行。

至于发展学生的语言以发展学生的直觉思维等非逻辑思维的问题，也已引起了人们的重视。国内学者也提出了"培养学生的非逻辑思维能力也是数学教学的重要任务"的主张，而且，因为逻辑思维是直觉思维的基础，任何逻辑方法都要借助于直觉，二者是相辅相成、互为补充的。因此，发展学生的语言尤其是内部语言不仅对发展学生的逻辑思维有直接的作用，而且对培养学生的直觉思维等非逻辑思维也是十分重要的。

三、教师的课堂语言

课堂语言分为口头语言和板书，它是教师的数学修养和艺术修养的直接表现。掌握和使用语言的艺术对数学教学效果起着最为直接的作用。

（一）数学语言与教学语言的对立统一

数学教师在课堂上的语言，无论是教学用语还是数学用语，既要讲究数学科学的科学性又要考虑学生的语言发展。因此，应当正确处理教学语言与数学语言的关系。

数学语言是科学语言，数学词汇是数学对象的抽象，有着确定的含义，用以表现形式化的数学思维材料；数学词语是数学对象相互关系的概括，有着严密的含义，用以表现逻辑化的数学思维材料；数学语句是表现数学思想方法的工具，用以表现形式化、逻辑化的数学思维材料。但是，数学教学语言是教学语言，又应当具有具体形象的性质、描述的性质以及现实的性质。因而，数学教师的口头语言应当是确定性、严密性、逻辑性与具象性、描述性、现实性的对立统一。

（二）口头语言的情感表现

数学课堂口头语言的运用不是单靠处理数学语言科学性与学生口语发展之间的关系就能完成的，重要的是以此为基础提高语言的表现力和感染力，表现某种情感。这种表现力来源于运用语言的技巧和修辞手法，依靠的是教学艺术修养的不断提高。

1. 运用语言的技巧

语言技巧是运用诸如节奏、强弱、速度和韵律的技巧。

节奏是运动的对象在时间上某种要素的有规则的反复，这种反复不是外部机械的，而是表现对象内部的秩序。有规则的反复能够引起人的意识的注意，节奏产生美感。火车轮子与铁轨撞击产生的有节奏的声响，表现了火车运动在时间上的规则性；音乐中的节拍表现了重音的周期重复，也是一种节奏。语言的节奏类似于音乐中的自由节奏，有规则反复的要素可以是声调的强弱，可以是字的间隔的长短，也可以是韵律。语言的节奏不是人们臆造出来的，而是语言本身包含的情感色彩在时间秩序上的体现。因此，语言的节奏表现的情感色彩增强了它的表现力。

在讲究语言技巧的运用，提高口头语言表现力的时候，要注意下列问题。

第一，表现情感不是描述情感。表现情感是用语言表现对象的个性特征，内部秩序性。在"如果……那么……"的命题中，"如果"在这个条件下，"那么"所说的结论成立，表现了内部的逻辑规律，描述则是概括。在日常生活中，表现害怕是用动作，说平时说不出来而害怕时脱口而出的话及害怕的表情等；如果不做动作，平常的表情，只说一些形容害怕的话来描述，"哎呀！我太害怕了！我简直怕得要死了！"别人也不会认为他害怕。因此，数学教学中过多地使用形容词、副词是一种危险。第二，用语言表现情感，是由语言表述的对象本身的情感色彩决定的，不是人为的，因此不要为了表现而表现。对于赋予其情感色彩的数学语言更是如此。只有学生已经内化了的而且成了教学语言的数学语言，首先是它的科学性，其次才是根据内部的逻辑关系和学生内化的程度来赋予某种情感。

2. 掌握修辞的手法

数学教学的口头语言可以运用各种修辞手法，比如形容、形象、反语、象征、修饰等，来提高表现力。

无论运用语言的技巧还是采用各种修辞的手法，在数学教学口头语言中应尽量避免拖泥带水，说与数学教学无关的话，那是"废话"；不说学生不懂的话，或把学生没学过的数学知识拿来炫耀一番，那是"玄话"；力戒滥用辞藻、花里胡哨、华而不实的"巧话"；少说挖苦讥笑、趣味低级、有碍于精神文明的、"不卫生"的"粗话"；不能千篇一律地说一类话，陈词滥调、生搬口号、八股味浓，否则说出来的是"套话"；在情绪波动中要保持镇定的情绪,避免受学生的刺激说"气话"。废话、玄话、巧话、粗话、套话、气话,或者与学生认识活动无关,或者伤害学生,不仅降低了语言的表现力,而且不利于学生语言的发展,这是一定要注意防范的。

第三节 大学数学中的人文教育

一、数学教学中人文教育的主要内容

(一)发挥数学史的德育功能,塑造学生的高尚人格

数学史是一部科学发展的历史,其中蕴含着丰富的人文教育材料。在教学中,要不失时机地介绍我国古代科学家取得的科技成果,以及对世界文明史的贡献,介绍新中国成立以来我国在社会主义建设和科学技术上取得的成绩,在学生了解我国古代灿烂文明的同时,激发其民族自豪感,培养其爱国主义情操,从而形成正确的政治立场和观点。

(二)培养学生良好的思维品质

人类的思维是在长期的社会实践中不断走向成熟的。一个人在学习各门学科的过程中,思维能力是起决定性作用的。思维既是技巧又是品质。数学教学在培养计算技巧时应该突出培养学生思维品质,良好的思维品质是人文教育的重要组成部分。思维品质不仅具有思维的激情,而且具有思维的理智;不仅具有思维能力,而且具有思维意志,数学教学是培养学生思维品质的最好园地。

(三)创新能力

数学学习需要一个人具有强烈的探究心理,没有探究心理就不可能培养出创新能力。所谓探究就是能发现问题,提出问题,试探解答问题。例如在解题时能一题多解,只有这样才能使学生的创新能力得到开发,培育升华,才能成为新时代的创新人才。随着社会的进步、学科综合化趋势的发展,社会对人才的综合素质提出了更高的要求,社会需要更多的专业知识与人文知识兼备的高素质人才。

因此,在数学教学中,确立人文教育目标,是素质教育的必然趋势,是社会政治经济文化发展的必然要求,这无论是对学生个体还是当前社会都具有极大的意义和价值。培养学生高尚的人文素养,必将使学生在掌握全方位、高层次、网络化科学知识的基础上,在

科学和人道的相互协同和补充中，进一步促进人和社会在物质和精神方面的均衡发展，为人类产生更多的进步和安定的因素。

（四）价值观教育

价值观是行动的基准，价值观念的扭曲是当代社会存在的一个严重问题，物质欲望的膨胀和道德价值的扭曲，导致部分青少年为一种急功近利的浮躁心态所左右。如何教育学生确立正确的价值观、人生观，已成为众多教育工作者的重要课题，而数学教育在某种程度上可以为学生提供一种正确的价值观和意义的体系，从而有助于为社会提供一种正确的人文主义导向。

二、数学教育中进行人文教育的原则

（一）科学性原则

在数学教育中进行人文教育，要科学地结合教学内容，恰当地进行。要水乳交融，防止牵强附会地硬凑；要潜移默化，防止形式主义；要结合内容渗透，防止贴标签式的空洞说教；要使学生在学习数学的过程中，受到生动活泼的思想教育。

（二）可接受性原则

数学教育中的人文教育应根据不同年龄学生的心理特点，根据他们掌握数学知识的情况和思维发展的水平，选择切合实际的、学生能接受的内容，有目的、有计划、循序渐进地进行。同一个辩证观点，对不同专业的学生渗透教育的程度是不同的。同一个知识的教学，对不同专业的学生渗透的方式和方法是不一样的。

（三）情感性原则

数学教学与学生情感密切相关，其中既有知识传播，又有情感的交融。教师对教学内容生动深刻的讲授，会使学生兴趣盎然。教师的理与情、情理结合、以情动人，不仅使人文教育寓于教学之中，收到良好效果，而且可以使人文教育寓于情感的交融之中。

（四）持久性原则

科学世界观的树立、良好道德品质的培养，不是一朝一夕所能完成的，要经历潜移默化的过程。寓人文教育于数学教育之中，不是权宜之计，应该结合教育内容，把人文教育渗透到教与学的全过程中，经过长期精心培养、持之以恒的渗透，才能水到渠成，见到功效。

三、数学人文教育功能

（一）帮助学生形成正确的数学观

数学观是对数学的基本看法的总和，包括对数学的事实、内容、方法的认识以及对数学的科学价值、应用价值、人文价值和美学价值的认识，是对数学全方位、多角度的透视。数学文化将数学置于人类的文化系统中，使学生认识到数学的形成和发展不是单纯的数学知识、技巧的堆砌和逻辑的推导，数学的每一个重大的发现，往往伴随着科学认识的突破。同时也使学生了解到数学对社会发展的作用、对人类进步的影响，了解到数学在科学思想体系中的地位、数学与其他学科的关系。

（二）发展学生的理性思维

数学理性内涵具有纯客观的、理智的态度，精确的、定量的方法，批判的精神和开放的头脑，抽象的、超经验的思维取向。理性思维是学生数学素养中不可缺少的组成部分。学生的数学素质目标就是使学生受到良好的思维训练，养成精确、严密的处理问题的习惯，亦即理性精神。在实际的教学活动中，通过对一些相关问题的分析和解答，使学生置身于数学的这种"思考"当中，让他们深切体验到数学推理的好处和威力。

（三）培养学生的应用意识

数学应用意识本质上就是一种认识活动，是主体主动从数学的角度观察事物、阐述现象、分析问题，用数学的语言、知识、思想方法描述、理解和解决各种问题的心理倾向性。它基于对数学基础性特点和应用价值的认识，每遇到任何可以数学化的现实问题就产生用数学知识、思想、方法尝试解决的想法，并且很快地按照科学合理的思维路径，找到一种较佳的数学方法解决它，体现运用数学的观念、方法解决现实问题的主动性。

事实上，现代生活处处充满着数学，如每日天气预报中用到的降水概率，日常生活中购物、购房、股票交易、参加保险等投资活动中所采取的方案策略，外出旅游中的路线选择，房屋的装修设计和装修费用的估算等都与数学有着密切的联系。面对实际问题时，能主动尝试着从数学的角度，运用所学的知识和方法寻求解决问题的策略；面对新的数学知识时，能主动地寻找其实际背景，并探索其应用价值。在数学文化的教育中，使学生在数学文化熏陶的过程中，树立和强化应用数学的意识，从而体会数学的文化品位，体察社会文化和数学文化之间的互动。

（四）提升学生对美的鉴赏能力

数学美具有科学美的一切特性，数学不仅具有逻辑美，更具有奇异美；不仅内容美，而且形式美；不仅思想美，而且方法美、技巧美，简洁、匀称、和谐，到处可见。从文化的角度来看，数学美是人类一种理性的审美心智活动，在更高的层次和更丰富的内涵上发展了美的文化，数学美有它独特的内容和特征。

在传统的数学教学中，教师存在着对数学在认知和理解上的偏差，使得数学课堂充满的只是概念、公式、定理和例题，让学生感受到的只是复杂的公式、冰冷的符号、抽象的演绎和繁杂的计算。数学教学只有通过加强数学文化教育方可使学生感受到数学丰富的方法、深邃的思想、高贵的精神和品格，领略数学发展进程中的五彩斑斓、多姿多彩。

四、数学教育中进行人文教育的途径和方法

（一）提高教师素质，增强在数学教育中进行人文教育的意识

教师的素质是随时代的发展而不断提高的，教师要提高自己的业务素质，树立"终身学习"的观念，坚持教师的自我修养，在教中学，在学中教。寓人文教育于数学教育之中，需要教师加强数学教育理论学习，更新教育观念，把数学教育与人的全面发展结合起来，提高对育人的认识，增强"寓"的意识，才能充分发挥其功能。

因此，在考虑数学教育的目标时，应注意思想品德教育的方面，在教学过程中应注意进行人文教育的环节，在教学中积极地渗透人文教育，从而激发学生的学习兴趣，调动学生学习的积极性，全面地提高学生的素质。我们必须摆正人文教育位置，增强人文教育的意识性，尤其在今天，我们更应该站在培养新世纪人才的高度，从提高全民族素质的需要出发，认识人文教育在数学教学中的重要地位和作用。数学的人文教育一定要贯穿于数学教学的始终，点点滴滴，长期积累，方能取得好的效果。

（二）挖掘人文教育内容，进行科学的世界观和人生观教育

数学的客观性、辩证性与统一性，十分有利于培养学生的科学世界观。数学知识中蕴藏着丰富的人文教育内容，在数学教育中加强人文教育，首先应钻研教材，挖掘其中的人文教育因素，力求掌握严密的数学科学体系，对各部分知识之间的内在联系，从整体上进行把握，厘清思想教育的脉络。

例如，正确讲授数学概念，有利于进行辩证唯物主义教育。在讲概念时，对一些重要的数学概念如对应、函数、连续、极限等，剖析概念的本质，使学生有较透彻的理解并能应用，学会怎样分析问题和看待问题，也就在一定程度上培养了学生的辩证思维。

（三）结合对数学学习活动的指导，培养学生的思想品德

结合数学学习活动培养学生的思想品德，是数学教育中进行人文教育的主要途径之一。首先，在数学教育中要结合激发学习动机，培养学生为我国社会主义事业兴旺发达和中华民族伟大复兴而奋斗的志向。学习动机与人生观有密切的联系，激发正确的学习动机，培养为人民服务的人生观，应把确立为我国社会主义事业兴旺发达和中华民族伟大复兴而努力学习的学习目的作为核心内容，并注意处理好这个核心与其他影响学习动机的因素之间的关系。

在教学中结合教学内容有计划地介绍数学发展史，介绍哥德巴赫猜想和陈景润等研究的成果，结合学习介绍著名数学家张衡、莱布尼兹、欧拉、高斯等成才的故事。数学家们的一生无不是刻苦学习、钻研、奋斗的一生。教学时，可以紧扣教学内容，讲一段数学家的故事。在教学中，可以充分引用数学史料，特别是我国数学家的杰出成就对学生进行爱科学、爱祖国的教育。这样积极引导，使学生喜欢谈论数学问题，阅读有关数学书籍，在增强兴趣的同时也培养了学生的思想品德。

其次，要在数学教育中结合数学学习方法，培养学生实事求是的态度，独立思考、勇于创新的科学精神。既要提倡学生独立思考，又要教育学生谦虚好学、服从真理；既要发展学生的发散性思维品质，又要发展学生集中性思维品质。

（四）开展自主学习，培养学生的自主能力和自信心

传统的应试教育下的数学教育使大多大学生背上了"为考试学习数学"的沉重包袱，学生失去了自信心，丧失了独立思考能力，盲从教师，盲从考试。一个人丢掉了自我主体意识，还怎么谈教育呢？因此，我们必须彻底改变这种背离数学教育规律的现象，彻底纠正数学学习的不良倾向，有必要在学生中倡导自主学习。

根据国内外学者的研究成果，自主学习概括地说，就是"自我导向、自我激励、自我监控"的学习。具体地说，它具有以下几方面的特征：学习者参与确定对自己有意义的学习目标，自己制定学习进度，参与设计评价指标；学习者积极发展各种思考策略和学习策略，在解决问题中学习；学习者在学习过程中有情感的投入，学习过程有内在动力的支持，能从学习中获得积极的情感体验；学习者在学习过程中对认知活动能够进行自我监控，并做出相应的调适。自主学习实质是指教学条件下的学生的高品质的学习。所有能有效地促

进学生发展的学习,都是自主学习。要促进学生的自主发展,就必须尽可能地创设让学生参与到自主学习中的情境与氛围。只有自主学习才能帮助学生确立自主的意识和获得可持续发展的动力。

(五)开展合作学习,培养学生的团队精神

合作学习是指学生在小组或团队中为了完成共同的任务,有明确的责任分工的互助性学习,它有以下几方面的要素:积极承担在完成共同任务中个人的责任;积极的相互支持、配合,特别是面对面的促进性的互动;期望所有学生能进行有效的沟通,建立并维护小组成员之间的相互信任,有效地解决组内冲突;对于各人完成的任务进行小组加工;对共同活动的成效进行评估,寻求提高其有效性的途径。合作动机和个人责任是合作学习产生良好教学效果的关键。合作学习将个人之间的竞争转化为小组之间的竞争。

要提高一个学生的学习成绩,更有效的办法是促进他们在情感和社会意识方面的发育,而不是单纯集中力量猛抓他的学习。数学学习有其自身的特点,可以让学生开展合作学习,培养学生的团队精神。学生通过合作学习,互相帮助、互相启发,养成尊重知识、尊重他人的品质;通过探讨问题,尝试与检验,培养学生进取精神;通过讨论、争辩、权衡,加强平等民主意识;通过认识自我、独立思考、发表见解,树立坚持真理,修正错误的科学观。

(六)开展研究性学习,培养学生的科学民主精神

研究性学习是指学生在教师指导下,从学习生活和社会生活中选择和确定研究专题,主动地获取知识、应用知识、解决问题的学习活动。研究性学习的一个最重要的着眼点在于改变学生单纯的接受式学习模式,要努力使学生形成一种对知识主动探求、重视实际问题解决的积极的学习模式,学生通过实践活动,发现数学规律、事实、定理等,以探索的方法主动获取数学知识。

数学的研究性学习主要是以所学的数学知识为基础,对某些数学问题进行深入探讨或者从数学角度对某些日常生活、生产实际中和其他学科中出现的问题进行研究。这种研究性学习要求学生完全独立地从事研究,从确定研究对象到采集信息以至最终解决问题,学生必须学习制定策略、设计算法、数学推理、归纳整理至形成结果。学生要学会自己提出问题和明确探究的方向,体验数学活动的过程,培养创新精神和应用能力,并以研究报告或小论文等形式反映研究成果,学会交流。

(七)注重数学的社会应用,增强学生的公民意识和社会意识

数学应用与社会发展息息相关,如数学在人口问题、资源问题、生态环境保护问题、

管理问题等方面的应用，无形之中会增强学习者的社会道德意识。社会责任和公民意识是一个人道德水准的重要方面，数学教育可以充分利用应用的优势培养学生的社会责任感和公民意识，教育学生关心社会发展，关心人类命运，养成运用数学服务于社会的意识。

重视数学的应用，就要加强数学实验教学，将动手的能力与动脑的能力有机地结合起来。凡是与现实生活中密切相关的内容，尽量采取学生实验的方式进行教学，切实避免在黑板上空谈，脱离实际，人为地把本来应该有丰富趣味性的内容变成枯燥使学生厌烦或很难让人接受的内容。

（八）数学教学中渗透哲学观教育

1. 培养学生辩证思维能力

数学是辩证的辅助工具和表现形式，数学理论的研究和概念的形成及问题的解决实质上都是矛盾的化解和转化。因此，可以认为数学具有很强的哲学思辨功能，它所表现出的辩证法，应用于数学教育中，可以培养学生的辩证思维能力。可以通过数学所具有的有限和无限、近似和精确、曲与直、直观和抽象、收敛和发散等之间的各种矛盾的转化，培养学生辩证唯物主义思想；通过解题过程，可以培养学生实事求是的作风；通过介绍数学思想，可以培养学生自信心、独立性、创造性、责任心等个性品质。

2. 在对数学概念的认识中，获取对概念的哲学价值取向

人们对数学概念的理解和看法，其基本的价值取向是：概念是建立数学理论的基石，数学理论的大厦由基本的概念建构，这无疑在数学理论层面上是正确的。数学概念的价值具有双重性，即数学性和哲学性。前面讲了属于数学性的价值取向，而哲学性的价值取向表现为数学概念的辩证性和教育性，一个数学概念的产生，既包含了它的发展历程，同时也隐含了其在哲学意义上的辩证观点。

3. 树立哲学层面上的数学教学观

数学教学不是单纯的知识传授，而是培养学生个性发展的过程，是师生双边活动过程，是理论和实践共同作用的过程。数学也不是一些"事实结论"的集合体，而是一个多元的复合体。在这个复合体中包括命题、方法、问题和语言等。数学包含形式和非形式两方面的辩证统一，数学的发展在理论和实践的辩证运动中得以实现。

（九）实现人文渗透，激活人文主义思想，健全学生的个性品质

数学学科表现出来的主要是理性精神，数学教育属于科学教育，在功能上可以开发人的科学思维能力，培育人的科学素养，掌握理性的分析事物的方法。这种纯数学的习惯，在知识的获取中缺乏人文知识，在思维方式上只推崇理性的、精确的、抽象的、实证的方法，

而有可能拒斥人文学科所采用的感悟的、模糊的、直觉的、形象的和情感的方法，在精神层面上，可能会造成科学精神和人文精神的分裂，如果缺乏人文精神，用工具理论追求一切，只图利益或效益最大化，缺少人文关怀，高效益低情感，或者只求真不求善和美。基于以上考虑在数学概念教学中，积极倡导哲学分析，增加人文成分，呼唤两种文化的融合（科学文化和人文文化的融合），培养人的全面发展。在数学概念学习中，既要达到数学上的理解和掌握，更重要的是在哲学上进行分析和把握，实现观念互启、方法互用、学科互构。在教学活动中，树立科学教育和人文教育并重的全新教育理念，培养"复合型"的人才。

（十）以教师的人格魅力来影响学生

教师的教育活动是教师本身思想、信念、情操和教育等全部人格的真实外在表现。古人云："身教重于言教。"教师的理想、情操、智慧、才华、意志品质以及仪表神态、言谈举止等无不给学生以莫大的影响，都对学生起着潜移默化的作用。教师要努力适应时代发展需求，不断学习、更新自己的知识，重视数学思想、数学方法的教学，不断提高教学技能，用渊博的知识去感染学生。

第四节 现代教育技术与数学教育

一、当代教育技术在数学教学中的应用模式

随着现代教育技术的飞速发展，多媒体、数据库、信息高速公路等技术的日趋成熟，教学手段和方法都将出现深刻的变化，计算机、网络技术将逐渐被应用到数学教学中。计算机应用到数学教学中有两种形式：辅助式和主体式。前者是教师在课堂上利用计算机辅助讲解和演示，主要体现为计算机辅助教学；后者是以计算机教学代替教师课堂教学，主要体现为远程网络教学。

（一）计算辅助数学教学

计算机辅助教学（Computer Assisted Instruction，CAI）是指利用计算机来帮助教师行使部分教学职能，传递教学信息，对学生传授知识和训练技巧，直接为学生服务。

CAI 的基本模式主要体现在利用计算机进行教学活动的交互方式上。在 CAI 的不断发展过程中已经形成了多种相对固定的教学模式，诸如讲解与练习、个别指导、研究发现、游戏、咨询与问题求解等模式。

1. 基于 CAI 的情境认知数学教学模式

基于 CAI 的情境认知数学教学模式，是指利用多媒体计算机技术创设包含图形、图像、动画等信息的数学认知情境，是学生通过观察、操作、辨别、解释等活动学习数学概念、命题、原理等基本知识。这样的认知情境旨在激发学生学习的兴趣和主动性，促成学生顺利地完成"意义建构"，实现对知识的深层次理解。

基于 CAI 的情境认知数学教学模式主要是教师根据数学教学内容的特点，制作具有一定动态性的课件，设计合适的数学活动情境。因此，通常以教师演示课件为主，以学生操作、猜想、讨论等活动为辅展开教学。适于此模式的数学教学内容是以认知活动为主的陈述性知识的获得。计算机可以发挥其图文并茂、声像结合、动画逼真的优势，使这些知识生动有趣、层次鲜明、重点突出，可以更全面、更方便地揭示新旧知识之间联系的线索，提供"自我协商"和"交际协商"的"人机对话"环境，有效地刺激学生的视觉、听觉、感官处于积极状态，引起学生的有意注意和主动思考，从而优化学生的认知过程，提高学习的效率。

基于 CAI 的情境认知数学教学模式反映在数学课堂上，最直接的方式就是借助计算机使微观成为宏观、抽象转化为形象，实现"数"与"形"的相互转化。以此辨析、理解数学概念、命题等基本知识。数学概念、命题的教学是数学教学的主体内容，怎样分离概念、命题的非本质属性而把握其本质属性，是对之进行深入理解的关键。

由于 CAI 的情境认知数学教学模式操作起来较为简单、方便，且对教学媒体硬件的要求并不算高，条件一般的学校也能够达到。因此，这种教学模式符合我国数学教学的实际情况，是当前计算机辅助数学教学中最常用的教学模式，也是数学教师最为青睐的教学模式。不过，这种教学模式的不足之处也很明显，主要表现在以下方面：

（1）技术含量不高。由于这种教学模式基本上仍是采用"提出问题—引出概念—推导结论—应用举例"的组织形式展开教学，计算机媒体的作用主要是投影、演示，学生接触的有时相当于一种电子读本，技术含量相对较低，不能很好地发挥计算机的技术优势。

（2）学生主动参与的数学活动较少。虽然这种教学模式利用计算机技术创设了一定的学习情境，但这种情境是以大班教学为基础的，计算机主要供教师演示、呈现教学材料、设置数学问题，还不能为学生提供更多的自主参与数学活动的机会。

（3）人机对话的功能发挥欠佳。计算机辅助数学教学的优势应通过"人机对话"发挥出来，而这种教学模式由于各种主客观条件的限制，还不能让学生独立地参与进来与机器进行面对面的深入对话。

2. 基于 CAI 的练习指导数学教学模式

基于 CAI 的练习指导数学教学模式，是指借助计算机提供的便利条件促使学生反复练习，教师适时地给予指导，从而达到巩固知识和掌握技能的目的。在这种教学模式中，计算机课件向学生提出一系列问题，要求学生做出回答，教师根据情况给予相应的指导，并由计算机分析解答情况给予学生及时的强化和反馈。练习的题目一般较多，且包含一定量的变式题，以确保学生对基础知识和基本技能的掌握。

这种教学模式也主要有两种操作形式：一种是在配有多媒体条件的通常的教室里，由教师集中呈现练习题，并对学生进行针对性的指导；另一种是在网络教室里，学生每人一台机器。教师通过教师机指导和控制学生的练习，前者比较常见。它对硬件的要求不太高，操作起来也较为方便，但利用计算机技术的层次相对较低，教师的指导只能是部分的，学生解答情况的分析和展示也只能暴露少数学生的学习情况，代表性不强。后者对硬件的条件要求较高，但练习和指导的效率都很高是计算机辅助数学教学的一种发展趋势。总之，网络给教室内的练习指导教学模式，人机对话的功能发挥较好，个别化指导水平较高，使能力差些的学生可以得到更多的关心、能力强些的学生得到更好的发展，能够较大幅度地提高数学教学的效率。

3. 基于 CAI 的数学实验教学模式

所谓基于 CAI 的数学实验教学模式，就是利用计算机系统作为实验工具，以数学规则、理论为实验原理，以数学素材作为实验对象，以简单的对话方式或复杂的程序操作作为实验形式，以数值计算、符号演算、图形变换等作为实验内容，以实例分析、模拟仿真、归纳总结等为主要实验方法，以辅助学数学、辅助用数学或辅助做数学为实验目的，以实验报告为最终形式的上机实际操作活动。

基于 CAI 的数学实验教学模式的基本思路是：学生在教师的指导下，从数学实际活动情境出发，设计研究步骤，在计算机上进行探索性实验，提出猜想、发现规律、进行证明或验证根据。具体教学时一般涉及以下五个基本环节：创设活动情境—活动与实验—讨论与交流—归纳与猜想—验证与数学化。

（二）远程网络教学

随着网络技术的发展和普及，网络教学应运而生。它为学生的学习创设了广阔而自由的环境，提供了丰富的资源，拓延了教学时空的维度，使现有的教学内容、教学手段和教学方法遇到了前所未有的挑战，必将对转变教学观念、提高教学质量和全面推进素质教育产生积极的影响。

1. 网络教学的特点

（1）交互性

传统教学中，教师与学生之间较多产生的是一种从教师讲解到学生学习的单向传播式关系。学生很难有机会系统地向教师表达自己对问题的看法以及他们自己解决问题的具体过程。同班同学之间就学习问题进行的交流也是极少的，更不用说和外地的学生交流与协作。网络教学的设计可以使教师与学生之间在教学中以一种交互的方式呈现信息，教师可以根据学生反馈的情况来调整教学。学生还可以向提供网络服务的专家请求指导，提出问题，并且发表自己的看法。

（2）自主性

由于网络能为学生提供丰富多彩、图文并茂、形声兼备的学习信息资源，学生可以从网络中获得的学习资源不仅数量大，而且是多视野、多层次、多形态的。与传统教学中以教师或几本教材和参考书为仅有的信息源相比，学生有了很大的自由选择空间。这正是学生自主学习的前提和关键。在网络中学习可以使信息的接受、表达和传播相结合。学生通过他所表达和传播的对象，使自身获得一种成就感，从而进一步激发学习兴趣和学习自主性。

（3）个性化

传统教学在很大程度上束缚了学生的创造力，习惯于用统一的内容和固定的方式来培养同一规格的人才。教师只能根据大多数学生的需要进行教学。即使是进行个别教学，也只能在有限的程度上为个别学生提供帮助。网络教学可以进行异步的交流与学习，学生可以根据教师的安排和自己的实际情况进行学习。学生和教师通过网络交流后，能及时了解到自己的进步与不足并及时进行调整，学生利用网络还可在任何时间进行学习或参加讨论以及获得在线帮助，从而实现真正的个别化教学。

2. 网络教学基本模式

（1）讲授型模式

在我们传统的教学过程中，一般的教学模式是以教师讲、学生听的单向沟通的教学模式。用 Internet 实现这种教学方式的最大优点在于它突破了传统课堂中人数及地点的限制，其最大缺点是缺乏在课堂上面对教师的那种氛围，学习情景的真实性不强。利用 Internet 实现讲授型模式可以分为同步式和异步式两种。同步式讲授这种模式除了教师、学生不在同一地点上课之外，学生可在同一时间聆听教师教授以及师生间有一些简单的交互，这与传统教学模式是一样的。

（2）讨论学习模式

用 Internet 实现讨论学习的方式有多种，最简单实用的是利用现有的电子布告牌系统（BBS）4A 及在线聊天系统（CHAT）。这种模式一般是由各个领域的专家或专业教师在站点上建立相应的学科主题讨论组。学生可以在主题区内发言，并能针对别人的意见进行评论，每个人的发言或评论都即时地被所有参与讨论的学习者所看到。目前，我们可以在 WWW 的平台上实现 BBS 服务，学生通过标准的浏览器来进行讨论。

讨论学习模式也可以分为在线讨论和异步讨论。在线讨论类似于传统课堂教学中的小组讨论，由教师提出讨论问题，学生分成小组进行讨论。在讨论学习模式中，讨论的深入需要通过学科专家或教师来参与。

（3）个别辅导模式

这种教学模式可通过基于 Internet 的 CAI 软件以及教师与单个学生之间的密切通信来实现。基于 Internet 的 CAI 个别辅导是使用 CAI 软件来执行教师的教学任务，通过软件的交互与学习情况记录，形成一个体现学习者个性特色的个别学习环境。个别指导可以在学生和教师之间通过电子邮件异步实现，也可以通过 Internet 上的在线交谈方式同步实现。

（4）探索式教学模式

探索式教学的基本出发点是认为学生在解决实际问题中的学习要比教师单纯教授知识有效，思维的训练更加深刻，学习的结果更加广泛（不仅是知识，还包括解决问题的能力、独立思考的元认知技能等）。探索学习模式在 Internet 上涉及的范围很广，通过 Internet 向学生发布，要求学生解答。与此同时，提供大量的、与问题相关的信息资源供学生在解决问题过程中查阅。另外，还设有专家负责对学生学习过程中的疑难问题提供帮助。

（5）协作学习模式

协作学习是学生以小组形式参与、为达到共同的学习目标、在一定的激励机制下最大化个人和他人习得成果而合作互助的一切相关行为。基于网络的协作学习是指利用计算机网络以及多媒体等相关技术由多个学习者针对同一学习内容彼此交流和合作，以达到对教学内容较深刻理解与掌握的过程。协作学习和个别化学习相比，有利于促进学生高级认知能力的发展，有利于学生健康情感的形成，因而受到广大教育工作者的普遍关注。

二、现代信息技术与数学教学的整合

信息技术与学科教学整合的理念是 CAI（计算机辅助教学）理论与实践的自然演变和发展的产物。随着信息技术的飞速发展，信息技术与学科教学整合越来越被教育界所重视，这也是教育改革和发展的必然。将信息技术与学科教学进行整合，必将产生传统教学模式难以比拟的良好效果。由于信息技术具有图、文、声并茂甚至有活动影像的特点，所以能够提供最理想的教学环境，对教育、教学过程会产生深刻的影响。

（一）现代信息技术与数学教学整合概念

1. 现代信息技术与数学教学整合的内涵

数学新课程的实施将面临新的机遇和挑战。信息技术为数学教学提供了新的生长点与广阔的展示平台。因此，研究信息技术和数学教学的整合创新有利于教师充分认识到实施数学教学必然地要以先进的教育理论为指导，转变教育思想，改革课堂教学，更新教学方法和手段，促进教育观念与教学模式的整体变革。

现代信息技术与数学教学整合的核心就是把信息技术融入数学学科的教学中去，在教学实践中充分利用信息技术手段得到文字、图像、声音、动画、视频，甚至三维虚拟现实等多种信息用于课件制作，充实教学容量，丰富教学内容，使教学方法更加多样、灵活。特别是计算机辅助教学的思路，可帮助教师进行新的更富有成效的数学教学创新实践。

2. 现代信息技术与数学教学整合的必要性

素质教育理论所强调的"面向全体，关注个性"这一教育思想，在传统的教学模式中是难以体现的，因而就有"差生吃不了，优生吃不饱"的现象。以往，在数学教学中都比较强调以教师为中心，而忽视了学生的主体作用，未能体现"教师为主导，学生为主体"的教学指导思想，难以体现学生的创新行为。媒体的运用单一且简陋，这在很大程度上降低了学生的学习主动性，使数学课堂教学枯燥乏味，难以突出重点，突破难点。

随着时代的发展、科学技术的不断进步，我们认识到：21世纪，高科技迅猛发展，以计算机为核心的信息技术越来越广泛地影响着人们的工作和学习，成为信息社会的一种新文化，成为21世纪公民赖以生存的环境文化。当下，缺乏信息方面的知识与能力，就相当于是信息社会的"文盲"，就将被信息社会所淘汰。也就是说，在信息社会，教会学生学习对信息的获取、鉴别和加工是学会学习、学会生存的最重要的事情。数学课堂教学也应适应时代发展的需要，重视学生信息能力的培养，信息技术与数学教学进行整合是一条理想的途径。

（二）现代信息技术与数学教学整合的价值

以计算机多媒体技术和网络技术为核心的信息技术，不仅给我们的社会生活带来了广泛深刻的影响，也冲击着现代教育。由于数学具有很强的抽象性、逻辑性，特别是几何，还要求具备很强的空间想象力，计算机多媒体技术在数学教学中的运用和推广，给数学教学带来了一场革命。在中学数学教学中应用多媒体技术以辅助教学，深受广大数学教师的青睐。MathCAD、数理平台、几何画板等数学软件的开发使多媒体技术在中学数学中应用更加广泛。与传统教学相比，在中学数学教学中应用多媒体技术的优越性主要表现在以下几方面：

（1）生动直观，有助于激发学习数学的兴趣，引导学生积极思维

数学相对于其他学科来说更抽象一些，也更枯燥一些。正因为这样，不喜欢学数学的学生也就更多一些。心理学告诉我们："兴趣是人们对事物的选择性态度，是积极认识某种事物或参加某种活动的心理倾向。它是学生积极获取知识形成技能的重要动力。"计算机多媒体以其特有的感染力，通过文字、图像、声音、动画等形式对学生形成刺激，能够

迅速吸引学生的注意力，激发学生的学习兴趣，使学生产生学习的心理需求，进而主动参与学习活动。如何激发学生的学习热情是上好一堂课的关键。一堂成功的教学课，学生的学习兴趣一定是很高的，恰当地运用信息技术就可做到。

（2）变抽象为形象，有利于突破教学难点、突出教学重点

生动的计算机辅助教学课件能使静态信息动态化、抽象知识具体化。在数学教学中运用计算机特有的表现力和感染力，有利于学生建立深刻的印象，灵活扎实地掌握所学知识；有利于突破教学难点、突出教学重点，尤其是定理教学和抽象概念的教学。运用多媒体二维、三维动画技术和视频技术可使抽象、深奥的数学知识简单直观，让学生主动地去发现规律、掌握规律，可成功地突破教学的重点、难点，同时培养学生的观察能力、分析能力。

（3）简化教学环节，提高课堂教学效率

在数学教学过程中，经常要绘画图形、解题板书、演示操作等，需要用到较多的模型、投影仪等辅助设备，这不仅占用了大量的时间，而且有些图形、演示操作并不直观明显。计算机多媒体改变了传统数学教学中教师主讲、学生被动接受的局面，集声音、文字、图像、动画于一体，资源整合、操作简易、交互性强，最大化调动了学生的有意注意与无意注意，使授课方式变得方便、快捷，节省了教师授课时的板书时间，提高了课堂教学效率。

参考文献

[1] 鲍红梅，徐新丽. 数学文化研究与大学数学教学 [M]. 苏州：苏州大学出版社，2015.

[2] 曹一鸣，张生春主编. 数学教学论 [M]. 北京：北京师范大学出版社，2010.

[3] 常发友. 数学建模与高中数学教学 [M]. 长春：吉林人民出版社，2020.

[4] 范林元. 高等数学教学与思维能力培养 [M]. 延边大学出版社，2019.

[5] 韩朝泉，邱炯亮，聂雪莲. 数学教学与模式创新 [M]. 北京：九州出版社，2018.

[6] 何天荣. 数学教学艺术研究 [M]. 延吉：延边大学出版社，2018.

[7] 何小燕，杨文华. 新时代经济管理类大学数学教学改革与实践探究 [M]. 长春：吉林人民出版社，2020.

[8] 姜伟伟. 大学数学教学与创新能力培养研究 [M]. 延吉：延边大学出版社，2019.

[9] 李迎，刘亚，殷爱梅主编. 思维导图在数学教学中的应用 [M]. 长春：吉林人民出版社，2020.

[10] 刘乃志. 整体数学教学研究与实践探索 [M]. 北京：中国国际广播出版社，2021.

[11] 吕德权，赵长生. 现代数学教学研究 [M]. 成都：电子科技大学出版社，2016.

[12] 马作炳，段彦玲，刘英辉主编. 数学教学与模式创新 [M]. 长春：吉林人民出版社，2017.

[13] 欧阳正勇. 高校数学教学与模式创新 [M]. 北京：九州出版社，2019.

[14] 谭明严，韩丽芳，操明刚. 数学教学与模式创新 [M]. 天津：天津科学技术出版社，2020.

[15] 唐小纯. 数学教学与思维创新的融合应用 [M]. 长春：吉林人民出版社，2021.

[16] 王妍. 高端技术技能人才贯通培养项目中数学教学文化建设探究 [M]. 北京：北京邮电大学出版社，2017.

[17] 谢颖. 高等数学教学改革与实践 [M]. 长春：吉林大学出版社，2017.

[18] 徐雪. 大学数学教学模式改革与实践研究 [M]. 北京：九州出版社，2019.

[19] 张彩宁，王亚凌，杨娇. 高职院校数学教学改革与能力培养研究 [M]. 天津：天津科学技术出版社，2019.

[20] 张登华，段馨娜，许传江. 数学教学与创新模式 [M]. 北京：中国商务出版社，2019.

[21] 张定强，张炳意.数学教学关键问题解析[M].北京：中国科学技术出版社，2020.

[22] 张琳.数学教学与模式创新[M].北京：北京工业大学出版社，2019.

[23] 张晓贵.数学教学研究方法[M].合肥：中国科学技术大学出版社，2017.

[24] 赵翠珍.数学教学理论与实践研究[M].北京：北京工业大学出版社，2021.

[25] 赵建红，吴湘云，陈映明主编.数学教学技能训练实证研究[M].昆明：云南大学出版社，2015.

[26] 周仕荣.师范生数学教学信念发展的理论探索与实践研究[M].成都：电子科技大学出版社，2014.

[27] 朱光艳.数学教学与数学核心素养培养研究[M].北京：北京工业大学出版社，2019.

[28] 朱焕桃.数学文化融入高职数学教学的研究与实践[M].北京：中国纺织出版社，2019.

[29] 朱校华，王朋朋，董春兰主编.数学教学中的后进生培养[M].天津：天津科学技术出版社，2019.